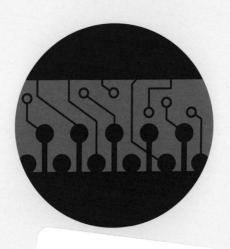

KB202265

**THE PATTERN ON THE STONE**

생각하는 기계

SCIENCE MASTERS

# THE PATTERN ON THE STONE

## The Simple Ideas That Make Computers Work

by W. Daniel Hillis

# THE PATTERN ON THE STONE
## 생각하는 기계

대니얼 힐리스가 들려주는
컴퓨터 과학의 세계

대니얼 힐리스

노태복 옮김

# 생 각 하 는
# 기 계 의   비 밀

전원을 켜면 하드 디스크 드라이버가 작동되는 경쾌한 소리와 함께 어둡던 모니터가 환하게 밝아온다. 모니터에 뜬 화살표를 마우스로 움직여 아기자기하게 디자인된 아이콘을 가볍게 클릭하기만 하면, 현실 세계와는 또 다른 세계가 눈 깜짝할 사이에 펼쳐진다.

전기로 작동되는 기계 장치인 컴퓨터가 어떻게 그처럼 놀라운 작업을 해 내는 것일까? 단지 전원 버튼을 누르거나 마우스를 클릭하는 것만으로도, 이 충실한 하인은 마치 알라딘의 마법 램프처럼 주인인 인간의 명령이라면 못 해 내는 것이 없다. 이러한 마법은 어떻게 가능할까? 그것은 지극히 난해한 어떤 마술과도 같은 과정으로 인해 생기는 현상일까 아니면 장난감 조립과 비슷한 단순한 과정들이 차근차근 쌓인 결과일까? 한 블록 한 블록씩 보고 만지고 달그락거리는 소리를 들으며 멋진 전체 모양을 만들던 블록 쌓기 장난감 놀이를 해 본 경험이 있을 것이다. 부분이 어떻게 전체와 연결되는지 확연히 파악할 수 있는 기쁨이야말로 블록 쌓기의 묘미였다.

컴퓨터도 블록 쌓기 과정처럼 손에 잡히고 눈에 확연히 보이는 과정으로 파악될 수 있을까? 또한 컴퓨터라는 전자 장치가 어떻게 그런 놀라운 능력을 발휘할 수 있을까? 그뿐만 아니라 가까운 미래에 실현되리라고 보는 스스로 '생각하는 능력' 내지는 스스로 '진화하는 능력'을 어떻게 컴퓨터가 얻을 수 있다는 것일까?

컴퓨터와 함께 살아가는 많은 사람들, 그리고 컴퓨터와 인간의 미래를 제대로 이해하고 싶은 많은 사람들이 한 번쯤 이러한 질문을 던져 보았을 것이다. 하지만 질문을 던지기는 쉬우나 답을 얻기는 그리 녹록치 않은 게 사실이다. 컴퓨터 관련 책들은 하늘의 별들만큼이나 많이 나와 있지만, 대부분 컴퓨터의 여러 장치 구성이나 컴퓨터 활용법이 주요 내용을 이루고 있기 때문이다. 하지만 바로 이 책은 다른 컴퓨터 책들이 다루지 않은 바로 그 문제들을 다루고 있다.

이 책의 저자이자 위대한 컴퓨터 과학자인 대니얼 힐리스 (Daniel Hillis)는 내부의 구조와 작동이 베일에 싸여 있는 현대식 컴퓨터의 근본 원리를 블록 쌓기를 할 때처럼 생생하게 보고 만질 수 있도록 해 준다. 아인슈타인은 이런 말을 한 적이 있다. "어린 아이에게 설명하지 못하는 이론이라면, 제대로 이해하고 있다고 할 수 없다." 이 말은 대니얼 힐리스의 위대함을 새삼 부각시켜 준다. 그는 블록 쌓기 놀이의 일종인 팅커 토이라는 조립용 완구로 어린 시절 오목게임과 비슷한 간단한 게임을 하는 팅커 토이 컴퓨터를 만들었다.

어떻게 어린 아이가 컴퓨터를 만들 수 있었을까? 어린 대니얼이 컴퓨터의 근본 원리를 훤히 파악했기에 가능한 일이었다. 어린 대니얼이 컴퓨터를 제작할 수 있도록 이끌었던 그 근본 원리는 바로 보편 구성 블록과 불 논리(boolean logic)다. 이 근본 원리를 적용하면, 재료나 제작 수단은 문제가 되지 않는다. 굳이 전자 장치가 아니어도, 기계 장치나 장난감 완구, 물놀이 기구 그리고 생체 분자로도 컴퓨터를 만들 수 있다. 어떤 형태의 컴퓨터든 컴퓨터를 컴퓨터가 되도록 만든 이 근본 원리를 이 책을 통해 손에 넣을 수 있다. 어쩌면 컴퓨터를 만들어 낸 근본 원리가 세상 모든 현상을 지배하는 만물의 근본 원리와 통하는지도 모를 일이다. 근본은 근본끼리 통하니까 말이다.

1장에서는 컴퓨터의 근본 원리와 이를 어떻게 손에 잡히듯이 구현할 수 있는지가 소개하고 있다.

2장 보편 구성 블록에서부터 6장 메모리에서는 컴퓨터를 작동시키는 핵심 요소들에 대해 간결하면서도 자세한 설명이 돋보인다. 특히 4장에서 소개한 튜링 기계의 보편성과 양자 컴퓨터의 가능성도 주목할 만하다.

7장과 8장에서는 병렬 컴퓨터와 학습형 컴퓨터에 대해 논의한다. 실제 컴퓨터 과학자로서 수많은 컴퓨터 제작 경험을 바탕으로 한 컴퓨터 과학의 현재와 미래가 생생히 조망되어 있다. 컴퓨터의 능력을 한층 더 업그레이드시킬 이 연구들이 어떠한 마인드를 바탕으로 어떻게 실제로 구현될 수 있는지 보여 준다. 실제로 이러한 연구와 관련된 독자라면 이 장에서 나름의 통찰력을 얻을 수 있으리라.

마지막 장은 1장과 더불어 이 책의 백미라고 할 수 있다. 이제 컴퓨터는 더 이상 인간이라는 주인이 명령하는 지시만을 묵묵히 수행하는 하인이 아니다. 컴퓨터도 생각하는 능력을 가질 뿐만 아니라 심지어 생명체처럼 진화할 수도 있다고 대니얼 힐리스는 말한다. 한낱 기계 장치가 어떻게 그런 능력을 가질 수 있는지를 단순한 공상의 관점에서가 아니라 현장 설계자의 관점으로 구체적으로 제시하고 있다. 현재 뇌과학 연구의 발전, 인공 지능 연구의 가속화와 시뮬레이션 기술의 심화, 생명 진화의 이론 등이 컴퓨터라는 실을 통해 서로 연결되고 있다. 이러한 연구 동향을 볼 때, 머지않아 실현될지도 모를 생각하고 스스로 발전하는 컴퓨터의 출현은 우리에게 묵직한 질문을 하나 던진다. 바로 인간 또는 인간의 정신이란 무엇인가라는 질문이다. 저자는 이에 관해서도 나름의 철학을 제시하고 있다.

    단순히 컴퓨터 사용법이나 컴퓨터의 구성 장치를 설명하는 책은 헤아릴 수 없이 많다. 또한 컴퓨터의 원리나 기능에 대한 전문 서적들도 많이 존재한다. 하지만 컴퓨터의 근본 원리와 그 기능을 손에 잡힐 듯이 다룬 책은 참으로 드물다. 뿐만 아니라 생각하고 스스로 발전하는 컴퓨터의 현재와 미래를 현장 개발자의 시각으로 생생히 탐구한 점도 경이롭다. 컴퓨터를 컴퓨터이게 하는 근본 원리를 손에 잡힐 듯이 파악하고 싶고 미래의 컴퓨터가 어떤 모

습으로 존재할지 궁금해하는 모든 분들께 소중한 책이 되리라고
본다.

　　여러모로 부족한 게 많은 번역을 다듬어 한 권의 책으로 만들
어 준 (주)사이언스 편집부 분들께 다시 한번 감사를 드린다.


노태복

# 돌 위에 새겨진
# 마법의 무늬

나는 기하학적 모양의 무늬를 돌 위에 새긴다. 처음 보는 사람에게 그것은 단지 신비롭고 복잡한 무늬에 불과하겠지만, 올바르게 정렬하고 나면 그 무늬가 돌에게 특별한 능력을 부여한다. 그러면 돌은 이제껏 누구도 걸지 못했던 마법의 주문이 명하는 대로 살아 움직이게 된다. 마법의 언어로 질문을 던지면, 답으로 돌은 어떤 세계를 펼쳐 보인다. 그 돌에 새겨진 무늬에 감추어진 상상의 세계이자, 또한 내가 주문한 그대로 창조된 세계를.

지금 내가 직업으로 삼고 있는 이 일을 몇백 년 전에 나의 고향 뉴잉글랜드에서 이야기했다면 분명 화형을 당하고도 남았을 것이다. 컴퓨터를 설계하고 프로그램을 짜는 일이 신성모독과 하등 관계가 없는데도 말이다. 앞에서 말한 돌이 현재의 실리콘 웨이퍼고, 그 주문이 바로 소프트웨어다. 칩에 새겨진 무늬와 컴퓨터에게 지시를 내리는 프로그램은 복잡하고 이해하기 어려워 보이지만, 사실은 이해하기 쉬운 몇 가지 기본 원칙에 따라 만들어진다.

컴퓨터는 인간이 지금까지 만든 기계 중에서 가장 복잡한 물건이지만, 근본적인 관점에서 보면 아주 단순하다. 몇십 명의 연구원들과 함께 일하면서, 나는 수십억 개의 능동 소자(active element)로 구성된 많은 컴퓨터를 설계하고 제작했다. 이 기계들 중 단 한 대를 뽑아서 회로도를 그리면, 꽤 큰 도서관이 소장한 모든 책만큼의 분량이 될 정도여서, 아무도 그 방대한 양을 샅샅이 살펴볼 엄두를 낼 수 없을 것이다. 컴퓨터 설계의 규칙성 덕분에 그러한 회로도를 하나하나 직접 그릴 필요가 없다는 점이 그나마 다행이다. 컴퓨터는 여러 부분들이 체계적으로 결합되어 전체를 이루고 있으며, 각 부분들은 서로 비슷한 점이 상당히 많다. 이러한 체계만 파악하면 컴퓨터를 다 이해한 셈이다.

각 부분의 상호 작용은 컴퓨터를 이해하기 쉽게 해 주는 또 하나의 원리다. 이 상호 작용들은 기본적으로 단순하고 잘 정의되어 있다. 컴퓨터의 동작은 보통 일방향성이어서 인과 관계가 분명하며, 자동차 엔진이나 라디오에 비해 내부 구조를 파악하기가 훨씬 쉬운 편이다. 컴퓨터 한 대에 들어 있는 부품의 개수는 라디오에 비하면 훨씬 많지만, 부품들이 함께 작동하는 방식은 훨씬 더 단순하다. 기술보다는 '아이디어'가 컴퓨터의 핵심이다.

게다가 아이디어는 컴퓨터를 제조하는 데 필요한 전자 기술과는 별로 관련이 없다. 보통은 컴퓨터를 트랜지스터와 전기 회로로 만들지만, 컴퓨터 구성 원리에 따르기만 하면, 밸브나 수도관, 심지어 막대와 줄로도 만들 수 있다. 컴퓨터가 컴퓨터일 수 있게 해 주는 것은 바로 그 원리다! 컴퓨터에 관한 가장 놀라운 점은 기술보다는 핵심 원리가 훨씬 더 중요하다는 사실이다. 이 책은 바로 그 원리에 관한 책이다.

컴퓨터에 관한 공부를 처음 시작했을 때, 지금 내가 쓰고 있는 것 같은 책을 읽을 수 있었다면 얼마나 좋았을까? 이 책은 아이디어에 관한 책이다. 따라서 컴퓨터 활용법 내지는 컴퓨터를 만드는 기술(롬, 램, 디스크 드라이버 등)에 관한 대다수의 책들과는 다르다. 이 책에서는 컴퓨터 과학 분야의 가장 중요한 아이디어들을 설명하거나 적어도 간략히 소개하고자 한다. 불 논리, 유한 상태 기계, 프로그램, 컴파일러와 인터프리터, 튜링 보편 기계, 정보 이론, 알고리듬과 알고리듬의 복잡성, 휴리스틱, 계산 불능 문제, 병렬 컴퓨터, 양자 컴퓨터, 신경 네트워크, 기계어, 자기 조직화 시스템 등을 말이다. 컴퓨터에 관심이 많은 독자라면, 이 책에 나오는 아이디어들을 이전에 접해 보았을지도 모른다. 그러나 컴퓨터 과학을 정식으로 배우지 않은 이상, 각각의 아이디어를 전체적으로 연결하여 하나의 컴퓨터를 구성하는 방법에 대해서는 알아볼 기회가 거의 없었을 것이다. 이 책은 바로 그 '연결'에 대해 설명한다. 나는 이 책에서 스위치 1개를 켜고 끄는 물리적인 동작에서부터 자기 인식 병렬 컴퓨터가 행하는 학습과 적응 능력까지 컴퓨터 과학에서 다루는 아이디어를 '연결'할 것이다.

컴퓨터의 본질을 잘 나타내는 일반적인 주제가 몇 가지 있다. 그 첫째가 기능적 추상화(functional abstraction)의 원리다. 이는 앞서 말한 원인과 결과의 계층 구조와 관련이 있다. 이 원리가 여러 단계에 걸쳐 반복적으로 적용된 대표적인 예가 바로 컴퓨터라고 할 수 있다. 하위 단계에서 무슨 일이 진행되고 있는지 세세하게 알지 못하더라도, 계층 구조의 어느 특정 단계의 작업에만 집중할 수 있다는 점에서, 컴퓨터는 이해하기 쉽다. 기능적 추상화의 원리로 인해 아이디어와 기술은 별개가 될 수 있다.

　　두 번째 주제는 보편 컴퓨터의 원리다. 이는 세상에는 오직 한 종류의 컴퓨터만 존재함을 뜻한다. 좀 더 정확히 표현하자면, 컴퓨터가 수행할 수 있는 일의 관점으로 볼 때, 모든 종류의 컴퓨터가 동일하다는 뜻이다. 컴퓨터 장치는 트랜지스터, 막대, 줄, 신경세포 등 무엇으로 만들든 하나의 보편 컴퓨터로 환원될 수 있다. 이것은 매우 의미심장한 가정이다. 왜냐하면 프로그램만 제대로 짜면 인간의 뇌처럼 생각하는 컴퓨터를 만들 수도 있음을 의미하기 때문이다. 이 책에서 이 문제에 대해 알아볼 것이다.

　　이 책의 세 번째 주제는 첫 번째 원리와는 어떤 의미에서 반대라고 할 수도 있다. 완전히 새로운 컴퓨터 설계와 프로그램 작성법, 즉 기존에 표준으로 여겨졌던 공학적 접근법과는 동떨어진 전혀 새로운 방법이 존재할 수 있다. 시스템이 너무 복잡해지면 정상적인 설계 방법이 소용 없어진다는 점을 생각해 볼 때, 이 방법은 매우 흥미롭다. 컴퓨터를 설계할 수 있도록 해 준 기능적 추상화의 원리가 결국에는 취약성과 비효율성을 초래하고 만다. 이 약점은 정보 처리 기계의 어떤 근본적인 한계와는 전혀 관계가 없고, 계층구조의 설계 방법이 갖고 있는 한계일 뿐이다. 그 대신에 생물학적 진화와 유사한 설계 방식을 사용하면 어떨까? 즉 하향식 제어(top-down control) 구조가 아니라 많은 단순한 상호 작용들의 축적을 통하여 시스템 특성이 창발적으로 출현하도록 하는 방식은 어떨까? 그처럼 진화된 방식으로 설계된 컴퓨터는 생물이 가진 견고성과 융통성을 동시에 가질지도 모른다. 최소한 그러한 희망을 품어 볼 수는 있다. 이 접근 방식은 아직 제대로 정의조차 되어 있지 않고, 어쩌면 끝내 실현할 수 없을지도 모른다. 이것이 내가 최근에 연구하고 있는 주제다.

컴퓨터의 본질을 더 깊게 파악하기에 앞서 짚어 보아야 할 근본적인 개념들이 몇 가지 있다. 1장과 2장에서는 불 논리, 비트, 유한 상태 기계의 개념을 다룬다. 3장이 끝날 무렵에는 컴퓨터가 어떻게 작동하는지를 전체적으로 이해할 수 있다. 그러고 나면 4장에서 시작하는 보편 컴퓨터라는 흥미진진한 아이디어를 이해할 만반의 준비가 갖추어진 셈이다.

철학자 그레고리 베이트슨(Gregory Bateson)은 언젠가 정보를 가리켜 "차이를 생기게 할 정도의 차이"라고 정의했다. 조금 달리 말하자면, 정보는 의미 있는 선택을 하게 만드는 구별에서 생긴다. 초창기의 전기식 계산기에서는, 전류의 흐름 여부에 따라 켜졌다 꺼지는 전구가 정보를 나타냈다. 신호의 전압이나 전류의 방향은 아무런 의미가 없었다. 의미 있는 정보는 오로지 전구를 켜거나 끌 신호가 전선에 흐르느냐의 여부였다. 의미 있는 선택을 하게 하는 이러한 구별, 베이트슨의 표현을 따르면 차이를 생기게 하는 차이는 전류의 흐름과 흐르지 않음 사이에 있었다. 베이트슨의 멋진 정의는 항상 단순한 정의의 차원을 넘어서 더 심오한 의미를 전해 준다. 내가 살아온 40여 년의 세월 동안 세상은 많이 변했다. 이 기간 동안에 경제, 정치, 과학 그리고 철학 등의 영역에서 목격된 대부분의 변화는 직간접적으로 정보 기술의 발달이 초래한 결과들이다. 현대 세계에는 이전 세계에 비해 많은 '차이'들이 존재한다. 이러한 많은 '차이를 생기게 하는 차이'는 바로 컴퓨터다.

　　요즈음 컴퓨터는 대체로 문자, 영상, 동영상, 음성 같은 모든 형태의 미디어를 통합할 수 있는 능력을 가진 기계로 여겨진다. 그러나 이렇게만 본다면 컴퓨터의 잠재 능력을 과소평가하는 셈이다. 컴퓨터가 모든 종류의 미디어를 통합하고 처리하는 능력을 갖고 있음은 두 말할 나위가 없지만, 컴퓨터의 진정한 위력은 아이디어의 결과물인 미디어를 처리하는 능력이라기보다는 바로 아이디어 그 자체를 교묘히 다룰 수 있는 능력이다. 내가 경이롭다고 생각하는 사실은 도서관에 있는 모든 책에 들어 있는 정보들을 컴퓨터에 저장할 수 있다는 것보다 이 책에 기술된 개념들 사이의 관계를 인지할 수 있는 컴퓨터의 능력이다. 즉 회전하고 있는 은하계나 비행 중인 새의 동영상을 보여 주기보다는 이런 신비한 현상을 일어나게 하는 물리 법칙의 결과를 예상할 수 있는 그런 능력 말이다. 컴퓨터는 성능이 좋은 계산기나 카메라나 그림 그리는 붓이라기보다는 우리의 사고 능력을 키우고 확장하는 장치다. 상상의 세계를 현실화하고 있는 이 기계는 처음에는 인간이 생각하는 대로만 작동했지만 이제는 인간의 생각으로는 결코 도달하지 못했던 세계를 우리 앞에 펼쳐 보여 주고 있다.

대니얼 힐리스

THE PATTERN ON THE STONE

생각하는 기계

# 1
## 너트와 볼트

**내가 어렸을 때, 어떤 아이가 뒤뜰에 널려 있는** 잡동사니에서 이것저것 주워 모아서 로봇을 만들었다는 이야기를 들은 적이 있다. 그 아이가 만든 로봇은 사람과 똑같이 움직이고 말하고 생각할 수 있어서, 둘은 서로 친구가 되었다고 했다. 로봇을 만든다는 발상이 여러모로 흥미로워 나도 한 번 만들어 보기로 했다. 팔과 다리로 쓸 원통형 관, 근육으로 쓸 모터, 눈으로 쓸 전구 그리고 머리로 쓸 큰 페인트 통 등 여러 부품들을 잔뜩 모아놓고 그것들을 연결한 후 전원만 꽂으면 움직이는 기계 인간이 탄생하리라는 희망에 잔뜩 부풀었던 기억이 난다.

몇 번이나 감전되고 나서야, 부품들이 움직이고 전구로 만든 눈에 불이 들어오고 끼리릭 움직이는 소리가 났다. 뭔가가 되어 가고 있다는 느낌이 들었다. 팔다리를 움직일 관절을 만드는 방법을 알아냈으니 말이다. 하지만 그 기계가 모터와 전구를 조종할 방법을 전혀 모른다는 심각한 사실을 곧 알아차렸다. 나는 당시 로봇의 작동 원리에 대해 아는 바가 전혀 없었다. 내가 알지 못했던 그 지식의 이름은 바로 '계산 능력(computation)'이었다. 그때 나는 그것을 '생각하는 능력'이라고 여겼는데, 어떤 물체가 생각할 수 있도록 만드는 방법을 그 당시에는 상상조차 할 수 없었다. 기계 인간을 만들 때 계산 능력을 부여하는 것이 가장 어려운 부분임을 지금은 확실히 알게 되었지만, 어렸을 때는 도무지 알 길이 없었다.

**불 논리**

컴퓨터에 관한 서적 중에서 내가 처음으로 읽은 책은 다행스럽게도 고전적인 저서였다. 풍토병 학자셨던 아버지를 따라 우리 가족은 그 당시에 인도 캘커타에서 살고 있었다. 영어로 쓴 책을 구하기가 쉽지 않았지만, 영국 영사관 부설 도서관에서 논리학자 조지 불(George Boole)이 저술한 책 한 권을 발견했다. 먼지가 수북히 쌓인 그 책은 나를 홀딱 반하게 만들었다. 그 책의 제목은 『사고의 법칙에 관한 탐구(*An Investigation of the Laws of Thought*)』였다. 이 제목은 나의 상상력을 한껏 자극했다. 사고를 지배하는 법칙이 도대체 있기는 있단 말인가? 그 책에서 조지 불은 인간의 사고 논리를 수학 연산으로 변환했다. 인간의 사고를 실제로 설명하지는 못했지만, 몇 가지 단순한 유형의 논리 연산이 갖는 놀라운 능력과 적용 범위의 보편성을 증명해 주었다. 그는 논리 명제에 대한 기술과 연산을 수행했을 뿐만 아니라 그 명제들의 참과 거짓을 판단할 수 있는 언어를 만들었다. 요즘에는 이 언어를 '불 대수(Boolean algebra, 논리 대수라고도 한다.—옮긴이)'라고 부른다.

불 대수는 고등학생 때 배우는 대수와 유사하지만, 방정식 속의 변수가, 수가 아니라 논리 명제라는 점이 다르다. 불 변수는 참이나 거짓 중 하나의 값을 가지며, ∧, ∨, ¬은 AND, OR, NOT 같은 논리 연산을 표시하는 기호들이다. 예를 들면 아래 문장은 불 대수 방정식이다.

$$\neg(A \lor B) = (\neg A) \land (\neg B)$$

드모르간의 법칙(불의 동료였던 오거스터스 드모르간(Augustus De Morgan) 의 이름을 딴 법칙)이라고 불리는 이 특별한 방정식에 따르면, A 또는 B 어느 것도 참이 아니라면, A와 B 모두 거짓이 된다. 변수 A와 B 는 임의의 논리(즉 참 또는 거짓 중 하나인) 명제를 나타낼 수 있다. 이 특별한 방정식은 올바를 뿐만 아니라, 불 대수에 따르면 어떤 복 잡한 논리 명제도 수학적으로 기술할 수 있고, 참과 거짓도 판별 할 수 있다.

불의 업적은 MIT(매사추세츠 공과 대학)의 젊은 공학도인 클로드 섀넌(Claude Shannon)의 위대한 논문을 통해 컴퓨터 과학에 본격적 으로 도입되었다. 섀넌은 수학의 한 분야인 정보 이론을 창안한 사 람으로 유명한데, 이 이론에서 섀넌은 정보의 단위를 비트(bit)라 고 정의한다. 비트라는 개념을 창안한 점도 주목할 만하지만, 섀 넌이 불 논리에 관해 이룬 업적은 컴퓨터 과학 그 자체만큼이나 의 미가 크다. 그 후 50년간 컴퓨터 분야에서 일어난 발전은 전부 섀 넌이 이룩한 이 두 가지 업적 위에서 이루어졌으니 말이다.

섀넌은 체스를 두는 기계 그리고 심지어 생각을 흉내 낼 수 있 는 기계를 만드는 좀 더 일반적인 방법에 관심을 갖고 있었다. 섀 넌은 1940년에 「계전식 스위치 회로의 기호 해석」이라는 박사 논문을 발표했다. 그는 이 논문에서 불 대수의 표현을 전기 회로로 그대로 옮길 수 있다는 사실을 보여 주었다. 섀넌의 회로에서 열려 있거나 닫혀 있는 스위치는 참 또는 거짓의 값을 갖는 불 대수의 변수에 해당했다. 섀넌은 불 대수의 어떠한 표현도 스위치의 배열로 변환할 수 있는 방법을 시범적으로 증명해 보였다. 그는 기본적으로 명제가 참이면 회로가 연결되고 거짓이면 회로가 끊기도록 회로를 설계했다. 섀넌의 연구 결과는 정확한 논리 명제로 기술할 수만 있다면 어떤 임의의 것이든 스위치 배열을 통해 실제로 구현할 수 있음을 의미했다.

불과 섀넌이 발전시킨 공식들을 상세히 보여 주기보다는, 아주 단순한 종류의 계산 장치에서 위에 언급한 연구가 응용되는 사례를 보여 주는 편이 좋을 듯하다. 틱택토(tic-tac-toe) 게임 기계를 예로 들어 보자. 이 기계는 범용 컴퓨터에 비하면 단순하기 짝이 없지만, 모든 컴퓨터에 적용되는 두 가지 중요한 원리를 보여 준다. 어떠한 임무라도 논리 기능으로 변환될 수 있음과 그러한 기능을 회로의 스위치 연결을 통해 구현할 수 있다는 두 가지 원리 말이다. 나도 캘커타에서 불의 책을 읽고 난 후 전등과 스위치를 이용한 틱택토 기계를 만들었는데, 컴퓨터 논리를 이용하여 만든 첫 작품이었다. 나중에 MIT 대학원에 다닐 때, 클로드 섀넌은 나의 지도 교수가 되었다. 그때서야 섀넌도 틱택토 게임 기계를 전구와 스위치로 만든 적이 있다는 사실을 알게 되었다.

틱택토 게임은 3×3 사각형 격자 위에서 진행된다. 한 명은 X를 다른 한 명은 O를 교대로 한 번씩 사각형 격자에 표시한다. 같은 표시를 연속 3개(수평, 수직, 대각선 방향) 표시하는 쪽이 이긴다. 어린이들은 처음에는 이길 방법이 많은 줄 알고 이 게임을 좋아한다. 하지만 일어날 수 있는 경우의 수가 몇 가지밖에 안된다는 사실을 알게 되면 흥미를 잃는다. 게임자가 그 경우의 수를 모두 알게 되면, 언제 두어도 무승부가 되기 때문이다. 컴퓨터가 행하는 계산은 이처럼 복잡성과 단순성의 경계선 위에서 기웃거리는 활동이다. 따라서 틱택토 게임은 컴퓨터 계산의 좋은 예가 된다. 컴퓨터의 작동은 복잡해 보이는 임무(틱택토 게임에서 이기기 같은 일)를 간단한 연산(스위치를 켜고 끄는 일과 같은 것)으로 단순화시키는 일이 전부다.

틱택토에서 발생할 수 있는 경우의 수가 얼마 되지 않기 때문에 그 모든 상황을 다 기술할 수 있다. 따라서 각각의 경우에 따른 정확한 게임 진행 과정을 기계에서 구현할 수 있다. 이때 두 단계로 이루어진 단순한 과정을 설계해야 한다. 첫 번째 단계는 가능한 모든 경우의 수를 유형별로 정리하는 것이다. 두 번째 단계는 각각의 유형을 판별하고, 그에 따라 응수할 수 있도록 각 유형을 전기 회로로 변환하는 것이다.

게임 판에서 발생할 수 있는 모든 X와 O의 배열을 기술하여 각각의 경우에 컴퓨터가 어떻게 반응할지를 결정하면 게임이 진행된다. 9개의 격자는 각각 세 가지 상태(X, O, 비어 있음)를 가질 수 있으므로 격자를 채울 경우의 수는 $3^9$(즉 19,683)이나 된다. 하지만 이 경우의 수 중 거의 대부분은 실제 게임에서는 나타나지 않는다. 좀 더 나은 경우의 수 표기법은 게임에서 발생할 수 있는 경로를 추적하여 게임 트리(game tree)를 그리는 방법이다. 게임 트리에서는 비어 있는 격자에서 시작하여 각 유형의 진행 상황에 따른 가능한 경우의 수를 모두 가지를 뻗듯이 그려 나간다(컴퓨터가 실제 게임을 진행할 때에는 가지를 뻗을 필요는 없다. 왜냐하면 상대의 움직임에 대한 컴퓨터의 응수 방법은 미리 정해져 있기 때문이다.). 그림 1에 게임 트리의 일부를 그려 놓았다. 사람이 먼저 X를 하나 그리면 그 다음에 컴퓨터가 O를 그려 넣는다(무슨 이유인지는 모르겠지만, 컴퓨터 과학자들은 '시작(root)'을 맨 위에 두는 하향식으로 트리를 그린다.).

사람이 두는 수에 따라 기계의 응수가 정해지기 때문에, 고려

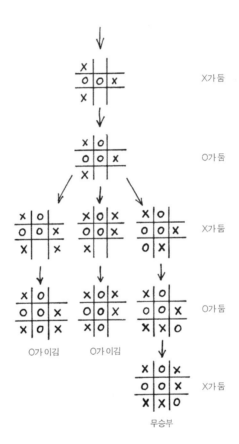

**그림 1**
틱택토 게임의 게임 트리(일부)

해야 할 경우의 수는 훨씬 줄어든다. 그때그때의 전략에 따라 달라지겠지만, 모든 상황에 대한 기계의 대응법을 모두 그리면 500~600개의 가지를 가진 게임 트리가 나온다. 이 게임 트리대로 따라하면 매번 기계가 이기거나 적어도 무승부가 된다. 게임의 규칙에 따라 응수하기 때문에 트리에 따라 두기만 하면 기계는 언제나 규칙에 따르는 셈이다. 이 게임 트리로부터 어느 특정한 상황에서 기계가 어떻게 두어야 하는지를 정확하고 상세하게 기술할 수 있다. 이 과정을 바탕으로 기계의 불 논리를 구성할 수 있다.

일단 필요한 작동 방법을 정의하고 나면, 그것을 건전지, 전선, 스위치와 전등으로 이루어진 전기 회로로 변환한다. 기계의 회로는 기본적으로 손전등의 회로와 동일하다. 즉 스위치를 누르면(회로가 닫히면) 전구와 건전지가 연결되어 불이 켜진다(건전지에는 플러스(+) 극과 마이너스(−) 극을 표시한다.). 이 스위치들이 직렬로도 연결될 수 있고, 병렬로도 연결될 수 있다는 점이 가장 중요하다. 예를 들어 두 스위치를 직렬로 연결하면 두 스위치가 함께 닫힐 때에만 불이 켜진다. 이 회로는 AND 함수라는 논리 블록을 구현한다. 첫 번째 스위치 그리고(AND) 두 번째 스위치가 함께 닫힐 때에만 전구가 켜지므로 AND 함수라고 불린다. 병렬로 스위치가 연결되면

OR 함수가 되는데, 이때는 두 스위치 가운데 어느 하나만 닫혀도 회로가 연결된다. 즉 전구에 불이 들어온다 그림 2.

이처럼 단순한 직렬 연결과 병렬 연결이 조합되어 다양한 논리 규칙을 따르는 회로를 이룬다. 틱택토 게임 기계에서 직렬로 연결된 스위치 사슬들은 경우의 수를 찾아내는 데 쓰이며, 이 사슬들은 전구와 병렬로 연결되어 있기 때문에 여러 다른 경우의 수에서도 동일한 전구가 켜진다. 즉 기계가 동일한 응수를 하게 된다.

내가 만든 틱택토 게임 기계는 두 부분으로 구성되어 있다. 한

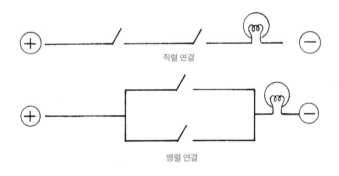

직렬 연결

병렬 연결

그림 2
스위치의 직렬 연결과 병렬 연결

부분은 각각 9개의 스위치가 달려 있는 4개의 입력 판자(이 판자의 스위치를 누르는 것이 사람이 두는 수이다.)고, 다른 한 부분은 각 판자의 스위치와 연결된 9개의 격자로 이루어진 하나의 틱택토 출력 판자다(여기에 사람이 둔 수에 대한 기계의 응수가 전구에 불이 들어오는 것으로 표시된다.). 9개의 전구가 이 출력 판자의 각 격자마다 하나씩 실제 틱택토 게임 판처럼 배열되어 있다. 기계가 먼저 두도록 설정해 놓았기 때문에, 우선 어느 한 전구가 켜지면서 시작된다. 사람이 첫 번째 입력 판자의 어느 한 스위치를 닫으면 첫 번째 수를, 두 번째 입력 판자의 스위치를 닫으면 두 번째 수를 두는 것이다. 내가 만든 기계에서는, 기계가 항상 출력 판자의 오른쪽 위에 첫 수를 두면서 시작했다. 이것은 경우의 수를 대폭 줄이기 위해 택한 방법이다. 사람이 첫 번째 입력 판자의 스위치 가운데 하나를 눌러 응수하면(예를 들면 출력 판자의 가운데 격자와 연결되어 있는 입력 판자의 스위치를 누르면) 게임이 시작된다. 기계의 전략은 스위치와 전구 사이의 회로 배선이라는 형식에 따라 이미 만들어져 있다.

　사람의 첫 수에 기계가 첫 번째 응수를 하도록 회로 배선을 구성하기는 어렵지 않다그림 3. 첫 번째 입력 판자에 있는 각각의 스위치는 기계의 응수를 표시할 어느 한 전구에 연결되어 있다. 예를

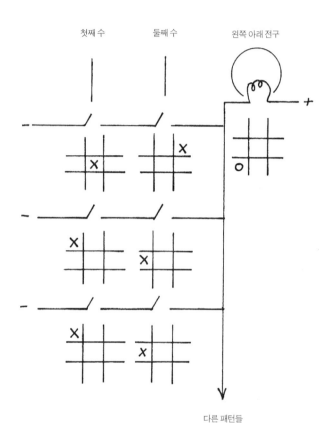

그림 3
동일한 응수가 나오게 하는 여러 가지 다른 패턴들

들어 사람이 가운데에 둘 때 기계가 오른쪽 아래에 응수하도록 하고 싶으면, 첫 번째 입력 판자의 가운데 스위치를 출력 판자의 오른쪽 아래 전구에 연결하면 된다. 내 기계는 가능한 한 항상 가운데 격자에 응수하기 때문에, 첫 번째 입력 판자의 스위치 대부분은 출력 판자의 가운데 전구와 연결되어 있다.

두 번째 공방전에서 나올 각 진행 형태는 사람이 두는 첫째와 둘째 수에 따라 달라진다. 사람이 두는 수의 조합을 알아차리기 위해서, 그에 해당하는 스위치는 직렬로 연결되어 있다. 예를 들어 사람이 첫째 수를 가운데, 둘째 수를 오른쪽 위에 두었다면, 기계는 왼쪽 아래에 두게 된다. 이 형태를 구성하기 위해서는, 첫 번째 입력 판자의 가운데 스위치를 두 번째 입력 판자의 오른쪽 위와 직렬로 연결하고(가운데와 오른쪽 위 스위치 둘 다 이미 차 있을 때는 그 상황에 맞춰 다르게 하면 된다.), 두 스위치가 직렬 연결된 그 사슬을 출력 판자의 왼쪽 아래에 있는 전구와 연결한다. 한 전구와 접속하는 각각의 병렬 연결에 따라 전구에 불이 들어오는 여러 경우의 조합이 정해진다. 2개의 서로 다른 회로에서 동일한 스위치를 사용해야 할 때마다 나는 '이중 스위치', 즉 2개의 스위치가 동일한 단추에 기계적으로 연결되어 있어서 동시에 켜지고 꺼지는 스위치를 사용했다.

덕분에 두 가지 서로 다른 게임 진행 형태에 동일한 수가 포함되도록 할 수 있었다. 세 번째와 네 번째 입력 판자의 스위치 배선도 앞과 동일한 원칙에 따라 구성했지만, 조합의 수가 훨씬 더 많았다. 충분히 예상할 수 있듯이, 원리 자체는 단순해도 배선은 점점 더 복잡해진다. 틱택토 격자에서 선택의 여지는 자꾸 줄어드는데도, 스위치가 연결된 사슬은 더욱 더 길어진다.

내가 만든 틱택토 게임 기계 안에는 약 150개의 스위치가 들어 있다. 당시에는 그 정도도 꽤 많아 보였지만(나뭇조각과 못으로 스위치를 만들었으니까), 내가 요즘 설계하는 컴퓨터 칩에는 수백만 개의 스위치가 들어 있다. 그러나 최근의 컴퓨터 배선 형태도 대부분 위에 설명한 틱택토 게임 기계의 배선 형태와 매우 유사하다. 대부분의 현대식 컴퓨터는 전자식 스위치인 트랜지스터(여기에 대해서는 나중에 설명하고자 한다.)를 사용하지만, AND 함수를 구현하기 위해서는 스위치를 직렬로 연결하고, OR 함수를 구현하기 위해서는 스위치를 병렬로 연결한다는 기본 개념에는 변함이 없다.

틱택토 게임 기계의 논리가 컴퓨터의 논리와 비슷한 면도 많지만, 몇 가지 중요한 차이도 있다. 그 하나는 틱택토 게임 기계에는 시간의 흐름에 따라 순차적으로 사건이 진행된다는 개념이 없다는 것이다. 따라서 게임 진행의 순서 전부, 즉 게임 트리 전부를 미리 결정해야만 한다. 이것은 비교적 단순한 게임인 틱택토 게임에서도 성가신 일이며, 좀 더 복잡한 게임인 체스나 심지어 체커(미니 체스 게임 — 옮긴이)에서는 현실적으로 불가능한 일이다. 현대의 컴퓨터는 체커 게임에는 최고수 수준이고, 체스 게임에도 상당한 고수의 수준이다(5장에 자세히 설명되어 있다.). 그 까닭은 미리 정해진 게임 트리 대신에 다른 방식, 즉 시간의 흐름에 따라 순차적으로 게임 진행 형태를 검사하는 기능을 가지고 있기 때문이다.

틱택토 게임 기계와 범용 컴퓨터의 또 다른 차이는 틱택토 게임 기계는 오직 한 가지 기능만 수행할 수 있다는 점이다. 기계의 '프로그램'이 회로 배선의 형태로 고정되어 있으니 그럴 수밖에 없다. 틱택토 기계에는 소프트웨어가 없는 셈이다.

------
**비트와 논리 블록**

앞에서도 언급했듯이 틱택토 게임 기계(다른 어떤 컴퓨터도 마찬가지로)를 전기 스위치로만 만들어야 할 이유는 없다. 컴퓨터는 전류, 유압, 심지어 기계적인 반응으로도 정보를 표현할 수 있다.  트랜지스터, 수압 밸브, 화학 반응 조합 등 어느 것으로 만들든 컴퓨터의 작동 원리는 완전히 같다. AND 함수는 두 스위치를 직렬로 연결해서 구현하고 OR 함수는 두 스위치를 병렬로 연결해서 구현하는 것이 틱택토 게임 기계의 핵심 원리며, AND와 OR 함수를 구현하는 방법은 이외에도 많이 있다.

여기서 잠시 비트에 대해 언급하고자 한다. 가장 기본이 되는 "차이를 생기게 하는 차이"(베이트슨의 표현을 다시 인용해 보자.)는 모든 신호를 두 가지로 나누어 구별하기다. 틱택토 게임 기계에서는 '전류의 흐름'과 '전류가 흐르지 않음'이 그 두 가지 상태다. 관례상 그 두 가지 상태를 순서대로 1과 0으로 부른다. 이것은 특별한 의미는 없다. 단지 이름을 그렇게 붙였을 뿐이다.

그러니까 그것을 '참'과 '거짓' 또는 '영희'와 '철수'라고 불러도 아무 문제가 없다. 어떤 상태를 1 또는 0으로 부를 것인가는 임의로 정해도 된다. 서로 다른 두 가지 값 중 어느 하나를 나타내는 신호를 이진 신호, 즉 비트라고 한다. 틱택토 게임에서의 여러 가지 다른 응수법, 모니터에 나타나는 여러 가지 다른 색깔 같은 모든 종류의 가능성을 표현하기 위해서 컴퓨터는 비트의 조합을 이용한다. 관례상 비트를 1과 0으로 표현하기 때문에 사람들은 종종

이 비트 형태를 수라고 여기고는, "컴퓨터는 모든 일을 수로 처리한다."라고 오래전부터 말해 왔다. 하지만 이 관례는 컴퓨터가 어떻게 작동하는지 이해하기 쉽도록 해 주는 하나의 방법일 뿐이다. 비트 대신에 가능한 두 가지 상태에 X와 Y라는 이름을 붙였다면, "컴퓨터는 모든 일을 문자로 처리한다."라고 말했을 게 분명하다. "컴퓨터는 수, 문자 그리고 다른 모든 것을 비트의 형태로 표현한다."라고 해야 정확한 말이 된다.

전류로 비트를 표현하는 대신에 기계적인 움직임으로 비트를

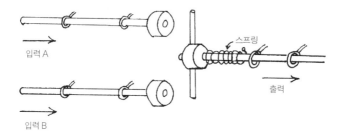

그림 4

기계 장치로 OR 함수 구현하기

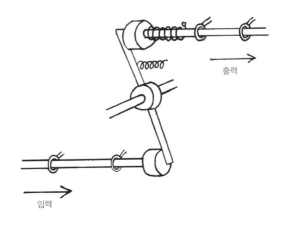

그림 5
기계식 인버터

표현할 수도 있다. 그림 4는 막대를 오른쪽으로 밀기를 1로 표현하는 표현법을 사용하여 OR 함수를 구현하는 방법을 보여 준다. A와 B가 모두 왼쪽에 있는 상태는 0을 나타내는데, 이때는 출력 막대도 왼쪽에 있도록 스프링이 유지해 준다. 한편 입력 막대 가운데 어느 하나라도 오른쪽으로 밀리게 되면 출력 막대도 오른쪽으로 밀리게 된다. 그림 5에 있는 장치는 또 하나의 새로운 함수, 즉 역

(inversion)함수를 수행한다. 인버터(Inverter) 함수는 어떤 신호가 들어와도 그 반대로 바꾼다. 예를 들어 오른쪽으로 미는 신호는 왼쪽으로 당기는 신호로, 왼쪽으로 미는 신호는 오른쪽으로 당기는 신호로 바꾼다.

이 AND, OR 및 인버터 함수가 논리 블록이며, 이 함수들을 연결해 다른 함수를 만들 수도 있다. 예를 들면 OR 블록의 출력이 인버터 블록에 연결되어 NOR 함수를 만들 수 있는데, NOR 출력은 어느 입력도 1이 아닐 때에만 1이 된다. 예를 하나 더 들어 보면

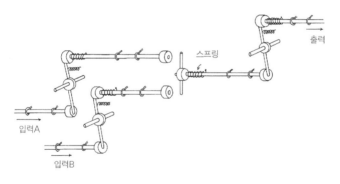

**그림 6**
OR 블록을 인버터에 연결하여 구성한 AND 블록

(드모르간의 정리를 이용하여), 2개의 인버터 블록을 하나의 OR 블록의 입력에 연결하고 세 번째 인버터 블록을 출력에 연결하여 AND 블록을 만들 수 있다그림 6 . 이 4개의 블록이 다 연결되어 하나의 AND 함수를 구현하므로 최종 출력은 두 입력이 모두 1일 때에만 1이 된다.

　　초기의 계산 장치들은 기계적인 부품으로 만들어졌다. 17세기에 블레즈 파스칼(Blaise Pascal)은 기계적인 덧셈 기계를 만들었는데, 이것이 고트프리트 빌헬름 라이프니츠(Gottfried Wilhelm Leibniz)와 박학다식한 학자였던 로버트 훅(Robert Hook)에게 감명을 주어 곱하기, 나누기, 심지어는 근의 값을 구하는 기계까지 나오게 되었다. 이 기계들은 프로그램을 짤 수는 없었는데, 1833년에 또 한 명의 영국인 수학자이자 발명가 찰스 배비지(Charles Babbage)가 프로그래밍이 가능한 기계적인 컴퓨터를 설계하고 그 일부분을 만들기도 했다. 심지어 내가 어린이였던 1960년대까지만 해도 산술 계산기는 대부분 기계식이었다. 어떻게 작동되는지 훤히 알 수 있는 그런 기계식 계산기를 나는 더 좋아했다. 전기적인 컴퓨터는 도무지 알 길이 없지 않은가? 지금도 컴퓨터 칩을 설계하면서도 나는 전기 회로를 움직이는 기계 부품처럼 여기고는 한다.

------
**밸브와 파이프로 만드는 수압 컴퓨터**

내가 논리 회로를 설계할 때 마음에 떠올리는 그림은 수압 밸브다. 수압 밸브는 물의 흐름을 제어하기도 하고 물의 흐름에 따라 제어되기도 하는 일종의 스위치와 같다. 각각의 밸브에는 입력단, 출력단, 제어단의 3개의 단자가 있다. 제어단에 압력이 가해지면 입력단에서 출력단으로 흐르는 물의 흐름을 차단하는 피스톤이 눌려서 열리게 된다. 그림 7에 수압 밸브로 만들어진 OR 함수 회로가 그려져 있다.

이 수압 밸브 회로에서는 수압을 이용해 두 가지 상태의 신호를 구별한다. 수압 밸브 회로에서는 제어단 파이프가 출력단 파이프에 영향을 줄 수 있을 뿐이고, 반대로 출력단이 제어단에는 영향을 줄 수 없다는 점에 주목하기 바란다. 이러한 제한으로 인해 입력단으로 들어간 물은 출력단 쪽으로만 흐른다. 즉 어떤 의미에서 시간에 따른 방향성이 형성된다는 말이다. 또한 밸브는 열려 있거나 닫혀 있는 상태 중 하나이므로 위의 방향성은 증폭의 기능도 더불어 수행한다. 증폭 기능 덕분에 신호의 세기는 매 단계마다 최대치까지 회복된다. 입력단의 압력이 약간 낮아도(길고 가는 관을 통과

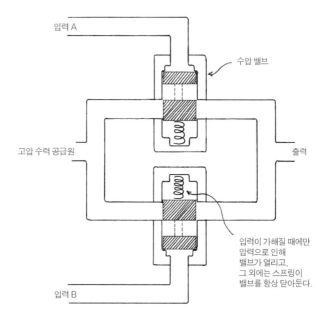

입력 A

수압 밸브

고압 수력 공급원

출력

입력이 가해질 때에만
압력으로 인해
밸브가 열리고,
그 외에는 스프링이
밸브를 항상 닫아둔다.

입력 B

그림 7
수압 밸브로 만든 OR 블록

하거나 물이 새거나 하면 수압이 낮아진다.) 출력은 언제나 최대치의 압력
을 유지한다. 이 점이 바로 디지털과 아날로그의 가장 근본적인 차
이다. 디지털 밸브는 열려 있거나 닫혀 있는 두 상태 중 하나인 반

면에, 아날로그 밸브는 부엌에 있는 수도꼭지처럼 두 가지로 정확히 구별되지 않는 여러 상태를 가진다. 수압 밸브에서 입력 신호는 밸브를 움직일 수 있을 정도의 세기면 충분하다. 이 경우 차이를 생기게 하는 차이는 바로 밸브를 작동시키기에 충분한 세기의 수압이다. 입력 신호가 약해지더라도 출력 신호는 언제나 최대치이기 때문에, 한 단계의 출력이 다음 단계를 제어하는 방식으로 수천 단계의 논리 블록을 연결해도 압력의 감소를 걱정할 필요가 없다. 각 게이트의 출력은 언제나 최대치로 유지되기 때문이다.

이러한 종류의 설계를 복원 논리(restoring logic)라고 한다. 수압 기술을 이용한 사례가 특별히 더 흥미로운 까닭은 현대의 전자 컴퓨터에 사용되는 논리와 거의 완전히 일치하기 때문이다. 파이프의 수압은 전선의 전압에 해당하고, 수압 밸브는 메탈 옥사이드 트랜지스터에 해당한다. 밸브의 제어단, 입력단, 출력단은 트랜지스터의 세 단자(게이트, 소스, 드레인 단자)에 해당한다. 수압 밸브와 트랜지스터가 이렇게 매우 비슷하기 때문에 현대 마이크로프로세서 설계를 곧바로 수압 컴퓨터로 변환할 수 있다. 현미경으로 실리콘 칩의 전선 배열 형태를 관찰한 후, 파이프들을 칩 속의 전선 형태로 구부려 똑같이 연결해 주기만 하면 된다. 트랜지스터 대신에는 수압 밸브를 사용하면 된다. 칩에 전력을 공급하는 것은 상수도이고, 접지는 하수도가 된다.

수압 컴퓨터를 사용하기 위해서는 입력단과 출력단에 수압으로 작동하는 수압 키보드, 수압 모니터, 수압 메모리 칩 등을 연결하면 된다. 이렇게 하면 수압 컴퓨터는 전자 컴퓨터와 똑같이 작동한다. 전류가 전선을 따라 흐르는 것에 비해 물이 파이프를 따라 이동하는 속도가 훨씬 느리기 때문에, 수압 컴퓨터는 물론 최신형 마이크로프로세서보다는 훨씬 느리다(크기가 엄청난 것은 두 말할 것도 없다.). 수압 컴퓨터의 크기는 얼마나 될까? 현대의 마이크로 칩 안에는 수백만 개의 트랜지스터가 들어 있기 때문에, 수압 컴퓨터에도 수백만 개의 밸브가 들어 있어야 한다. 칩 안에 있는 트랜지스터의 가로 넓이가 약 100만 분의 1미터고 수압 밸브의 폭이 약 10센티미터이므로, 이에 맞추어 파이프를 설계하면, 수압 컴퓨터의 넓이는 수천 제곱킬로미터에 이른다. 마이크로 칩 내부를 들여다보려면 현미경을 이용하면 되지만, 수압 컴퓨터의 내부 구조를 보려면 비행기를 타고 수천 미터 상공 위로 올라가야 한다.

컴퓨터 칩을 설계할 때 나는 컴퓨터 모니터에 선을 그린다. 그 선들이 이루는 모양은 작은 크기로 축소되고(사진을 찍으면 모양이 줄어들듯이), 실리콘 칩 위에 에칭(실리콘 웨이퍼를 화학 물질로 부식시켜 특정한 배선 형태를 만드는 공정—옮긴이)된다. 모니터의 선들이 파이프와 밸브인 셈이다. 사실은 컴퓨터 설계자가 선을 실제로 그리는 것은 아니다. 대신 AND와 OR 함수 사이의 연결만 지정해 주면 컴퓨터가 알아서 스위치의 위치와 전체적인 세부 모양을 정한다. 기술적인 면에는 거의 신경 쓰지 않고 전체적인 기능을 정하는 데 훨씬 더 관심을 쏟는다. 가끔씩은 그렇게 할 때도 있지만, 나는 그림을 직접 그리는 방식을 더 좋아한다. 칩을 설계할 때마다 우선 현미경으로 직접 봐야지 직성이 풀린다. 그렇게 한다고 해서 뭔가 새로 배우는 것도 없지만, 저런 모양이 어떤 식으로 실현되어 컴퓨터를 작동시키는지 늘 궁금하기에 그냥 넘어갈 수가 없다.

------
**팅커 토이**

크기를 줄일 수 있다는 점을 빼고는 반도체 기술로만 컴퓨터를 만들어야 할 특별한 이유가 없다. 어떤 기술을 쓰든 스위치(제어 요소)와 커넥터(연결 요소)라는 두 가지 요소만 충분히 확보하면 컴퓨터를 만들 수 있다. 제어 요소(수압 밸브나 트랜지스터)인 스위치는 여러 개의 신호들을 하나의 신호로 묶어 준다. 사실 입력 신호가 출력 신호에만 영향을 주고 그 반대 현상은 일어나지 않는 비대칭 스위치가 이상적이다. 또한 복원 특성을 가져야만 감쇠된 입력 신호나 왜곡된 입력 신호가 들어와도 출력을 정상적으로 내보낼 수 있다. 두 번째 요소인 커넥터는 전선 또는 파이프에 해당하는데, 스위치 사이에 신호를 전송한다. 이 커넥터는 나뭇가지처럼 분기할 수 있어야 하나의 출력 신호를 여러 개의 입력단에 접속할 수 있다. 컴퓨터는 이 두 가지 요소만 있으면 만들 수 있다. 레지스터라는 요소가 있지만, 이 요소도 제어 요소들과 연결 요소들로 구성되기는 매한가지다.

수압 컴퓨터를 만든 적은 없지만, 한때 몇 명의 친구들과 함께 막대와 줄로 이루어진 컴퓨터를 만든 적이 있다. 부품은 팅커 토이(Tinker Toy)라는 아동용 조립식 장난감을 이용했다. 이것은 가운데에 구멍이 뚫린 평평한 꼭지 부분에 긴 원형 막대를 끼워 어떤 물체라도 만들 수 있는 장난감이다. 내가 만든 팅커 토이 컴퓨터는 그림 8과 비슷했다. 스위치와 전구로 된 컴퓨터처럼 팅커 토이 컴퓨터도 틱택토 게임을 했다. 만드는 데 꽤 애를 먹었다. '자이언트 엔지니어(Giant Engineer)'라는 상표의 팅커 토이 세트를 수백 개 구해

그림 8
장난감인 팅커 토이로 만든 컴퓨터

다가 만들었다. 수만 개의 부품을 써야만 했는데, 최종적으로 만들어진 작품은 복잡하기 그지없었다(현재 MIT의 컴퓨터 박물관에 소장되어 있다.). 그렇지만 작동 원리로만 보면 앞에서 언급한 AND와 OR 함수의 단순한 조합에 불과하다.

팅커 토이 컴퓨터를 만들 때 복원 논리 블록을 만들지 않는 실수를 했다. 즉 논리 블록의 한 상태에서 다른 상태로 이동할 때 전혀 증폭이 되지 않았다. 팅커 토이 컴퓨터에서는 그림 4에 설명한 방법과 유사한 설계 방식에 따라 막대끼리 서로 누르는 동작을 기본으로 하여 논리 블록을 구현했다. 이렇게 하고 보니 기계에 있는 수백 개의 스위치들을 누르는 데 필요한 힘을 모두 입력 스위치를 눌러서 얻어야 했다. 잦은 누르기로 움직임을 전달하는 줄들이 늘어나 버렸고, 각 단계마다 복원시키는 기능이 없으니 줄이 늘어나면서 생긴 오류가 각 단계로 이어지면서 자꾸 누적되었다. 줄을 지속적으로 조정하지 않으면 오작동하기 쉬웠다.

얼마 후 이러한 문제점을 극복한 새로운 팅커 토이 컴퓨터를 만들었지만, 첫 번째 기계를 만들면서 얻은 교훈을 결코 잊을 수 없다. 설사 입력이 불완전해도 작은 오류에 구애받지 않고 완전한 출력을 나오게 해야 한다는 교훈! 매 단계마다 신호를 완벽에 가깝게 복원하면서 작동해야 하는 디지털 기술에서 그것은 핵심 사항이다. 최소한 아직까지는 복잡한 시스템을 제어하는 유일한 방식은 오직 복원 논리뿐이다.

―――

------

**기능적 추상화의 힘**

컴퓨터 논리에서 두 신호에 1과 0이라는 이름을 붙이는 것은 기능적 추상화의 한 예다. 그렇게 함으로써 그 신호가 무엇을 나타내는지 세세히 신경 쓰지 않고도 정보를 처리할 수 있다. 일단 주어진 기능을 구현할 방법을 알아내기만 하면, '블랙박스', 즉 '논리 구성 블록' 안에 그것을 집어넣고 더 이상 생각하지 않아도 된다. 논리 구성 블록으로 구현한 기능은 그 세부 사항을 살필 필요 없이 반복적으로 사용할 수 있다. 기능적 추상화라는 이러한 과정은 컴퓨터 설계의 근본 요소다. 복잡한 시스템을 설계하는 유일한 방법이라고는 할 수 없지만, 가장 일반적인 방법이라고 할 수 있다 (이와 다른 방법은 이후에 다루도록 한다.). 컴퓨터는 그러한 기능적 추상화를 통해 만들어진 계층 구조로 이루어져 있다. 계층 구조의 각 단계는 논리 구성 블록 안에서 구현된다. 하나의 기능을 구성하는 블록들이 여러 개 모여서 더 복잡한 기능을 구현하며, 이 블록들의 집합이 다시 다음 단계를 구성하는 블록이 된다.

기능적 추상화를 통해 만들어진 계층 구조는 복잡한 시스템을 이해하기 위한 가장 강력한 도구라고 할 수 있다. 이 구조 덕분에 한 번에 하나의 문제에만 관심을 쏟으면 되기 때문이다. 예를 들어 추상적으로 표현된 AND나 OR 같은 불 함수를 취급할 때, 전기 스위치, 막대, 줄, 수압 밸브 등, 그것이 무엇으로 만들어졌는지는 상관할 필요가 없다. 대부분의 경우 기술에는 신경 쓰지 않아도 된다. 이것은 매우 의미심장한 말이다. 설사 반도체나 트랜지스터가 몽땅 사라진다 해도 컴퓨터에 관해서 지금까지 말한 모든 내용은 여전히 유효하다는 뜻이기도 하니 말이다.

## 2
## 보편 구성 블록

**이제부터는 전선이나 스위치 같은 건 다 잊고** '1'과 '0'으로 작동하는 추상화된 논리 블록만을 다루고자 한다. 이 단순한 과정을 통해 컴퓨터는 공학의 영역을 벗어나 수학의 세계로 들어간다. 이 책에서 가장 추상적인 이 2장을 읽고 나면 틱택토 게임 기계를 구현하는 데 사용된 방법들이 어떻게 컴퓨터가 갖는 대부분의 기능을 구현하는 데 적용될 수 있는지 알게 된다. 이 장에서는 '논리 함수'와 '유한 상태 기계'라는 아주 유용한 구성 블록 집합을 정의한다. 이 요소들을 이용하면 컴퓨터를 쉽게 만들 수 있다.

------
**논리 함수**

틱택토 게임 기계를 만드는 과정에서 첫 시작은 게임 트리를 그리는 일이었는데, 이것을 통해 입력에 대한 출력값을 정하는 일련의 규칙을 알아낼 수 있었다. 이 방법은 일반적인 공략법으로 명실 공히 그 가치를 인정받았다. 일단 각각의 입력 조합에 대한 출력을 확정할 규칙만 기술할 수 있으면, AND, OR 및 인버터 함수를 사용하여 이 규칙을 구현하는 장치를 만들 수 있다. AND, OR 및 인버터라는 논리 블록은 보편적 구성 집합을 이루는 요소인데, 이 집합을 이용하면 어떠한 규칙이라도 구현할 수 있다(이와 같은 기본적인 논리 블록을 종종 논리 게이트라고 부른다.).

보편적 논리 블록의 집합이라는 이 아이디어가 상당히 중요한 까닭은 이 집합만으로 무엇이든 만들 수 있기 때문이다. 내가 어렸을 때 가장 좋아했던 장난감은 레고 블록이다. 레고 블록으로 자동차, 집, 우주선, 공룡 등 모든 모양을 만들 수 있었다. 레고 블록은 갖고 놀기에는 무척 좋았지만, 정말로 보편적이라고는 할 수 없었다. 왜냐하면 만든 물체가 각져 보였기 때문이다. 원통이나 구 같은 다른 모양의 물체를 만들려면 새로운 종류의 블록이 필요했다. 하지만 AND, OR 및 인버터 함수는 입력을 출력으로 변환하는 보편적 구성 집합이다. 그것들을 이용해 논리 규칙을 구현하는 일반적인 방법을 이해하고 나면 논리 블록들이 어떻게 해서 그토록 '보편적'일 수 있는지도 알게 된다. 우선 1 또는 0으로만 이루어진 입출력 결정 규칙인 이진법에 대해 알아보자. 틱택토 게임 기계는 이진법으로 작동하는 시스템의 가장 좋은 예다. 왜냐하면 입력 스위치와 출력 전등은 켜져 있거나 꺼져 있거나, 즉 1 또는 0 중 하나이기 때문이다(이 책 뒷부분에서 문자, 숫자, 심지어 그림, 영상을 입출력으로 하는 규칙에 대해서도 다룬다.). 1과 0의 입력 조합에 대한 출력값의 도표를 그리기만 하면 임의의 이진 집합이 완전히 확정된다. 예를 들면 OR 함수에 대한 규칙은 아래 도표에 의해 정해진다.

| | 입력 A | 입력 B | 출력 |
|---|---|---|---|
| OR 함수 | 0 | 0 | 0 |
| | 0 | 1 | 1 |
| | 1 | 0 | 1 |
| | 1 | 1 | 1 |

인버터 함수는 이보다 더 쉽게 정해진다.

|  | 입력 | 출력 |
|---|---|---|
| 인버터 함수 | 0 | 1 |
|  | 1 | 0 |

이진 함수의 입력이 $n$개면, 출력 신호가 가질 수 있는 가짓수는 $2^n$개다. 그러나 굳이 그 가짓수를 전부 다 고려하지 않아도 된다. 고려할 필요가 없는 특정 입력의 조합도 있기 때문이다. 예를 들면 틱택토 게임 기계가 수행하는 기능을 정할 때 사람이 9개의 사각 격자에 동시에 두는 경우는 고려할 필요가 없다. 허용되지 않는 경우이므로 이러한 입력 조합에 대한 출력 함수는 굳이 정할 필요가 없다.

복잡한 논리 블록이라도 AND, OR 및 인버터 블록을 연결해서 구성할 수 있다. 연결 형태를 설계할 때 관례적으로 세 가지 블록을 그림 9처럼 표현한다그림 9. 왼쪽에서 들어오는 선이 입력을, 오른쪽으로 나가는 선이 출력을 나타낸다. 그림 10은 2개의 입력을 갖는 OR 블록 한 쌍을 연결하여 3개의 입력을 갖는 OR 블록을 구성할 수 있음을 보여 주는 그림이다. 이렇게 하면 이 세 입력 중

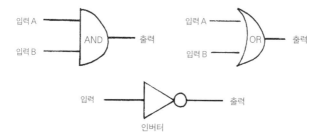

**그림 9**
AND, OR 및 인버터 블록

--------------------------------------------------------------

어느 하나라도 1이 되면 출력이 1이 된다. 이와 비슷한 방법으로 여러 개의 AND 블록을 연결하여 입력 개수가 많은 AND 블록을 구성할 수 있다.

그림 11에는 OR 블록에 둘을 입력으로 해서 인버터에 연결하고 출력에도 인버터를 연결하여 구현한 AND 블록이 나타나 있다(여기서 드모르간의 법칙이 다시 등장한다.). 이러한 블록들이 어떻게 작동하는지 알 수 있는 가장 좋은 방법은 입력에 직접 1과 0을 넣어서 출력이 어떻게 나오는지 알아보는 것이다. 이 그림은 본질적으로 1장의 그림 6과 똑같음에 주목해 보자. 이 그림이 나타내는 흥미로

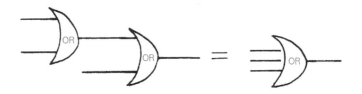

**그림 10**
2개의 입력을 갖는 OR 블록 한 쌍을 연결하여 만든 3개의 입력을 갖는 OR 블록

---

운 점은 보편적 구성 집합에서 굳이 AND 블록이 필요하지 않다는 사실이다. 왜냐하면 OR 블록과 인버터로 언제든지 AND 블록을 구현할 수 있으니 말이다.

틱택토 게임 기계에서와 마찬가지로, AND 블록은 출력을 1로 만드는 입력의 조합들을 찾아내는 데 쓰이는 반면에 OR 블록은 이러한 조합들의 명단을 제공한다(그림 12의 A에 세 입력으로 1 1 1을 입력하면 첫 AND 블록만 출력이 1이 되고, 나머지 아래 세 AND 블록은 0이 된다. 또 만약 세 입력으로 0 1 1을 입력하면 두 번째 AND 블록만 출력이 1이 된다. 이런 식으로 입력해 보면, AND 블록의 출력이 1이 되게 하는 입력의 조합들을 알아낼 수 있다. 그러므로 AND 블록은 출력을 1이 되게 하는 입력 조합을 찾는 역할을 한다. 그리고 OR 블록은 이 각각의 입력 조합들을 모두 최종 출력으로 보내기 때문에 조합

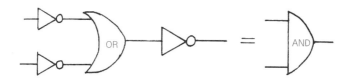

**그림 11**
OR 로부터 AND 만들기

------------------------------------------------------------

들의 명단을 제공하는 역할을 한다고 할 수 있다.—옮긴이). 3개의 입력단을 갖는 간단한 함수 하나를 예로 들어 보자. 3개의 입력이 투표를 하여 출력을 결정한다고 상상해 보자. 이 새로운 블록에서는 다수결에 의해 승자가 결정된다. 그러니까 출력은 2개 이상의 입력이 1일 때에만 1이 된다.

그림 12의 A에는 이 함수가 어떻게 구현되는지 나타나 있다. 적절한 인버터 블록을 입력으로 갖는 AND 블록은 1의 출력에 해당하는 각 입력 조합을 인식하는 데 사용된다. 이 블록들이 OR 블록에 의해 연결되는데, 여기서 출력이 나온다. 이 전략은 어떠한 입출력 변환에도 사용될 수 있다.

물론 이 함수를 구현하기 위해 각각의 입력 조합을 인식하는

| 입력 | | | 다수결 출력 |
|:---:|:---:|:---:|:---:|
| A | B | C | |
| 0 | 0 | 0 | 0 |
| 0 | 0 | 1 | 0 |
| 0 | 1 | 0 | 0 |
| 0 | 1 | 1 | 1 |
| 1 | 0 | 0 | 0 |
| 1 | 0 | 1 | 1 |
| 1 | 1 | 0 | 1 |
| 1 | 1 | 1 | 1 |

데 별개의 여러 AND 게이트를 이용하는 이런 방식만 사용하지는 않는다. 더 단순한 방법도 많이 있다. 그림 12의 B에는 다수결 기능을 좀 더 쉽게 구현하는 방법이 나와 있다. 여기서 설명하는 방법은 최상이라기보다는 정확히 작동된다는 점에서 훌륭한 방법이라고 할 수 있다. AND, OR 및 인버터 블록을 결합하면, 어떠한 이진 함수(1과 0의 입출력 조합으로 표현될 수 있는)도 모두 구현할 수 있다는 점이 핵심이다.

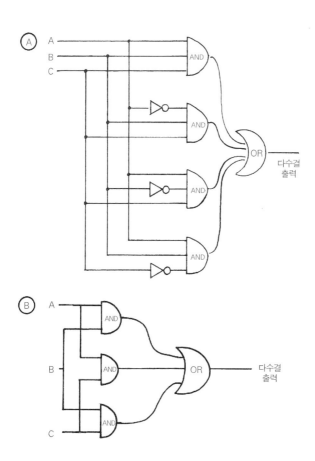

그림 12
AND, OR 및 인버터 블록으로 투표 함수를 구현하는 방법

입출력값을 이진수로 한정한다고 해서 실제로 대단한 제약이 가해진다고는 볼 수 없다. 왜냐하면 1과 0의 조합을 써서 글자, 아주 큰 수, 부호화할 수 있는 모든 정보를 다 표현할 수 있기 때문이다. 이진 기능이 아닌 예로서, 아이들이 좋아하는 가위바위보 놀이를 하는 기계를 만든다고 가정해 보자. 다 아는 것처럼 이것은 가위, 바위, 보 중 하나를 마음속으로 정했다가 함께 내놓는 것이다. 규칙은 간단하다. 가위가 보자기를 자르니까 이기고, 보자기가 바위를 덮으니까 이기고, 바위가 가위를 부수니까 이긴다. 만약 둘 다 같은 걸 내면 무승부! 이 놀이를 하는 기계를 만들기보다는(그렇게 하려면 상대방이 무엇을 낼지를 예측하는 기능이 추가되어야 한다.), 누가 이기는지만 판단하는 기계를 만들도록 하자. 각자 낸 것들을 입력으로 하고 승부 판정을 출력으로 한 도표는 아래와 같다. 이 도표에 놀이의 규칙이 규정되어 있다.

가위바위보 판정 함수는 입출력값이 세 가지 상태를 가지므로, 이진 함수는 아니다. 이 함수를 논리 블록의 조합으로 구현하려면 1과 0의 이진수로 변환해야 한다. 여기서 입출력을 표현하는 몇 가지 규정을 알아 보겠다. 가능한 각각의 경우에 별개의 비트를 사용하는 것이 일단은 손쉬운 방법이다. 가위, 바위, 보 각각에 하나

| 입력 A | 입력 B | 출력 |
|:---:|:---:|:---:|
| 가위 | 가위 | 무승부 |
| 가위 | 바위 | B 승 |
| 가위 | 보 | A 승 |
| 바위 | 가위 | A 승 |
| 바위 | 바위 | 무승부 |
| 바위 | 보 | B 승 |
| 보 | 가위 | B 승 |
| 보 | 바위 | A 승 |
| 보 | 보 | 무승부 |

씩 3개의 입력값이 필요하다. 첫 번째 입력의 1은 가위를, 두 번째 입력의 1은 바위를, 세 번째 입력의 1은 보를 나타내는 식이다. 이와 비슷하게 출력에서도 A 승, B 승, 무승부를 나타내기 위해 별개의 비트를 사용할 수 있다. 이렇게 변환하면 6개의 입력단과 3개의 출력단을 갖게 된다.

가위, 바위, 보 각각에 하나씩 3개의 입력단을 갖도록 하면 이 함수를 더 완벽하게 구성할 수 있지만, 이것을 컴퓨터에서 구현하려면 입출력값이 더 작은 개수로 나타나도록 변환시키는 어떤 방법이 필요하다. 예를 들면 각 입력에 두 비트를 써서 가위는 01, 바위는 10, 보는 11로 표현할 수도 있다. 이와 비슷하게 출력도 물론 두 비트를 써서 표현할 수 있다. 이렇게 하면 3개의 입력단과 2개의 출력단을 갖는 아래와 같은 더 단순한 도표가 그려진다.

| | A입력 | B입력 | 출력 |
|---|---|---|---|
| | 01 | 01 | 00 |
| 가위 = 01 | 01 | 10 | 01 |
| 바위 = 10 | 01 | 11 | 10 |
| 보 = 11 | 10 | 01 | 10 |
| A승 = 10 | 10 | 10 | 00 |
| B승 = 01 | 10 | 11 | 01 |
| 무승부 = 00 | 11 | 01 | 01 |
| | 11 | 10 | 10 |
| | 11 | 11 | 00 |

컴퓨터는 비트의 조합으로 무엇이든 표현할 수 있다. 몇 비트

가 필요할지는 정보가 몇 가지 요소로 이루어져 있는지에 따라 결정된다. 28개의 문자로 이루어진 영어 알파벳을 예로 들어 보면, 5비트의 입력 신호가 32개의 서로 다른 값($2^5 = 32$)을 나타낼 수 있으므로 알파벳을 모두 표현할 수 있다. 영어 문자를 다루는 컴퓨터에는 그러한 변환 기능이 내장되어 있지만, 대문자나 구두점, 숫자 등도 표현할 필요가 있기 때문에 7비트가 일반적으로 쓰인다. 대부분의 요즘 컴퓨터에서는 ASCII(American Standard Code for Information Interchange의 약자)라고 불리는 표준 알파벳 문자 표기를 사용한다. ASCII에서 1000001이 대문자 A, 1000010이 대문자 B를 나타낸다. 물론 이것은 임의로 정한 규칙일 뿐이다.

　대부분의 컴퓨터에는 한두 가지 이상의 숫자 표현 규칙이 있다. 가장 흔한 방법 중 하나는 이진법인데 이 방법에 따르면, 0000000은 숫자 0을, 0000001은 숫자 1을, 0000010은 숫자 2를 표현한다. 컴퓨터의 성능을 말할 때 64비트니 32비트니 하는 말들은 컴퓨터 회로에서 몇 자리의 비트를 신호 표현에 사용하는가 하는 것을 가리킨다. 예를 들어 32비트 컴퓨터는 이진수를 표시하는 데 32비트의 조합을 사용한다. 이진법이 일반적인 표기법이지만 꼭 그렇게 써야 할 이유는 없다. 이진법을 전혀 쓰지 않는 컴퓨터도 있고, 대부분의 컴퓨터들은 여러 가지 목적에 따라 다양한 방식으로 수를 표현한다. 예를 들면 많은 컴퓨터들은 음수를 다루는 방법에서 조금씩 차이를 보인다. 또한 소수점을 갖는 수를 표현하는데에도 부동점(floating point)이라는 규정이 있다(소수점의 위치가 자릿수에 따라 상대적으로 바뀌기 때문에, 고정된 자릿수로도 넓은 범위의 수를 표현할 수 있다.). 구체적인 표기법은 연산을 수행하는 회로의 논리 구조를 단순화하거나 표현 방법을 쉽게 전환하는 쪽으로 결정된다.

어떠한 논리 기능이라도 불 논리 블록으로 구현할 수 있기 때문에, 어떤 종류의 표기법을 사용하든 더하기나 곱하기 같은 연산을 수행하는 논리 블록을 구성할 수 있다. 8비트 컴퓨터에 덧셈 기능 블록을 구현하는 과정을 예로 들어 보자. 8비트 덧셈 블록은 16개의 입력 신호(더해질 각각의 수에 대해 8비트씩이므로) 및 합해진 값을 표현하는 8개의 출력 신호로 이루어진다. 각 수는 8비트로 표현되므로 256개의 조합이 가능하고, 그 각각은 서로 모두 다른 값이다. 예를 들어 이 조합을 사용하여 0에서 255까지의 수, 또는 −100에서 +154까지의 수를 표현할 수 있는 것이다. 수의 조합은 틀리지만 모두 256개의 수로 이루어져 있다. 덧셈 도표를 작성한 후 선택된 표기법에 따라 1과 0으로 이루어진 비트열들을 변환해 주기만 하면 이 블록의 기능은 정의된다. 그 다음에 1과 0으로 표현된 도표가 앞에서 설명한 방법에 따라 AND와 OR 블록으로 변환된다.

블록의 입력을 두 배로 늘려 주면 덧셈뿐만 아니라 뺄셈, 곱셈, 나눗셈을 하는 블록도 위와 비슷한 기술을 써서 구성할 수 있다. 새로 추가된 2개의 제어 입력이 사칙 연산 중 어느 것을 수행할지를 정하는 데 이용된다. 예를 들어 제어 입력이 01이면, 도표의 모든 값이 입력으로 들어올 때 그 합이 출력이 되고, 반면에 제어 입력이 10이면 그 입력값의 곱이 출력되는 식이다. 대부분의 컴퓨터에는 이러한 종류의 논리 블록이 내장되어 있는데, 이를 연산 장치(arithmetic unit)라고 한다.

이러한 전략에 따라 AND와 OR을 연결하면 어떠한 논리 블록이라도 구성할 수 있다. 그러나 이보다 더 효율적인 방법도 있다. 어떻게 설계하느냐에 따라 이전 방법보다 훨씬 더 적은 개수의 논리 블록으로 회로를 구성할 수도 있다. 다른 유형의 구성 블록을 사용하거나 입출력 사이의 지연을 최소화하는 방향으로 회로를 설계하는 편이 더 바람직할 때도 있다. 논리 설계에서 자주 부딪히는 문제는 다음과 같은 것이다. OR 블록을 구성하기 위해 AND 블록과 인버터를 어떻게 사용할 것인가?(이것은 쉽다.) AND와 OR 블록의 조합과 함께 단 2개의 인버터로 어떻게 3개의 인버터를 구성할 수 있을까?(조금 어렵지만 가능하다.) 컴퓨터를 설계하다 보면 이런 문제들을 종종 만나게 되는데, 이 문제들을 풀어 나가는 과정이 컴퓨터를 만드는 묘미를 더해 준다.

------
## 유한 상태 기계

위에서 기술한 방법을 사용하면, 시간의 흐름에 관계없이 항상 일정한 작업을 수행하는 임의의 논리 블록도 구현할 수 있다. 하지만 시간의 흐름에 따라 변하는 작업이라면 문제는 좀 더 흥미진진해진다. 그러한 기능을 다루기 위해 유한 상태 기계(finite-state machine)라고 불리는 장치가 사용된다. 유한 상태 기계는 현재의 입력만이 아니라 이전의 입력값에도 영향을 받는 기능을 구현하는 데에 사용된다. 유한 상태 기계의 개념을 파악하고 나면, 번호 키, 볼펜, 심지어 법률 계약 등 우리 주변 곳곳에 그 개념이 적용되고 있음을 깨닫게 된다. 유한 상태 기계의 기본 개념은 불 논리를 써서 구성된 참조 테이블(lookup table)을 메모리 장치와 결합시키자는 것이다. 메모리는 과거에 있었던 정보의 총합을 저장하는 데 쓰이며, 이 과거 상태의 총합이 유한 상태 기계의 상태(state)다.

　번호 키는 유한 상태 기계의 간단한 예에 해당한다. 번호 키의 상태는 눌린 일련의 번호 숫자들 전부다. 아주 오래전에 누른 번호들을 모두 기억하지는 못하지만, 문을 열기 위한 번호가 맞는지를 판단하기에는 충분한 만큼의 최근 번호는 기억한다. 더 간단한 유한 상태 기계의 예로 볼펜을 들 수 있다. 볼펜이라는 유한 상태 기계에는 단추가 눌린 상태와 눌리지 않은 상태의 두 가지 상태가 있으며, 단추를 홀수 번 눌렀는지 짝수 번 눌렀는지를 기억한다. 모든 유한 상태 기계에는 가능한 상태의 집합이 고정되어 있는데, 이 집합은 상태를 변화시킬 수 있는 입력 집합(볼펜 단추 누르기나 번호 키의 번호 누르기)과 가능한 출력 집합(볼펜심을 나오게 하기/들어가게 하기, 문 열기)의 두 가지다. 출력은 오직 상태에 따라 결정되므로, 결국 이전에 입력된 일련의 값들에 따라 결정되는 셈이다.

　유한 상태 기계의 간단한 예는 회전문 위에 설치되어 문을 지나가는 사람의 수를 세는 카운터(counter)에서도 볼 수 있다. 사람이 한 명 지나갈 때마다 수가 하나씩 늘어난다. 정해진 자릿수까지만 셀 수 있다는 점에서 카운터는 유한하다. 예를 들어 최고치가 999라면, 999까지 센 후에는 0으로 돌아가 버린다. 자동차의 거리

주행계도 그렇게 작동한다. 예전에 택시를 운전한 적이 있었는데, 거리 주행계가 70,000을 가리켰다. 하지만 주행 거리가 70,000인 지 170,000인지 270,000인지 알 도리가 없었다. 왜냐하면 그 주행 계의 최고치는 100,000이었으니까. 주행계의 입장에서는 그 네 가지 전부 똑같은 값이었다. 이런 이유로 수학자들은 종종 상태를 '등가 기록의 집합'으로 정의하고는 한다.

　유한 상태 기계의 또 다른 친숙한 예로 교통 신호등과 승강기 제어판을 들 수 있다. 이 두 기계에서는 일련의 상태가 내장 시계 와 입력 단추의 조합에 의해서 제어된다. 횡단보도에서의 '건너 기' 단추(단추를 눌러야 신호가 바뀌는 신호등에 사용된다.—옮긴이)와 승강 기를 부르는 단추 및 층 선택 단추가 위의 입력 단추에 해당된다. 기계의 다음 상태는 이전 상태뿐만 아니라 입력 단추에서 오는 신 호에 따라 결정된다. 한 상태에서 다른 상태로의 변환은 고정된 규 칙 모둠에 의해 결정되며, 상태 사이의 변환 관계를 보여 주는 상 태 다이어그램을 그리면 이 변환이 일목요연하게 정리된다. 그림 13은 교통 신호 제어기의 상태 다이어그램이다. 누군가 건너기 단 추를 누르면 양 방향의 신호등에 모두 빨간 전구가 들어오는 교차 로의 제어 상황을 보여 준다. 각 신호등 그림은 상태를 표현하고

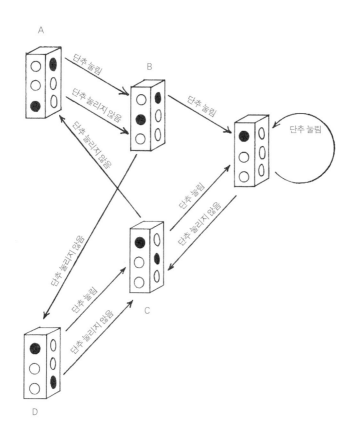

**그림 13**
교통 신호등 제어기에 대한 상태 다이어그램

화살표는 상태 사이의 변환을 나타낸다. 변환은 '건너기' 단추가 눌려져 있느냐에 따라 달라진다.

유한 상태 기계의 상태를 저장하고 비트들을 저장하는 데 쓰이는 레지스터(register)라는 마지막 논리 블록을 소개해야겠다. $n$ 비트 레지스터에는 $n$개의 입력과 $n$개의 출력이 있고, 여기에 상태를 바꿀 시기를 알려 주는 타이밍 입력이 하나 추가되어 있다. 새 정보를 저장하는 일을 레지스터의 상태를 '적는다(write)'라고 한다. 타이밍 신호가 레지스터에게 새로운 상태를 적으라고 지시하면, 레지스터는 상태를 입력에 맞추어 변경한다. 레지스터의 출력은 언제나 자신의 현재 상태를 가리킨다. 여러 가지 방법으로 레지스터를 구현할 수 있는데, 그중 한 가지는 상태에 관한 정보를 한 바퀴씩 돌리는 방법이다. 이 방법은 불 논리 블록을 이용해 상태에 관한 정보를 계속 순환시키고 상태 변화를 알리는 신호가 가해지면 바뀐 상태값을 저장하는 것이다. 이 유형의 레지스터는 전자 컴퓨터에서 자주 사용되는데, 이 방식에서는 갑자기 전원이 꺼지면 작업 중이던 정보를 잃어버리고 만다.

유한 상태 기계는 불 논리 블록을 그림 14와 같이 레지스터에 연결해서 구성한다. 유한 상태 기계는 불 논리 블록의 출력을 레

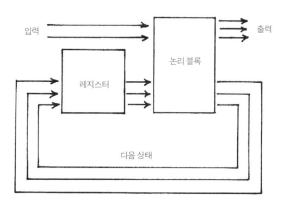

**그림 14**
논리 블록을 레지스터와 연결한 유한 상태 기계

----------------------------------------------------------------

지스터에 적음으로써 상태를 진행시키며, 그 논리 블록은 입력과 현재의 상태를 근거로 해서 다음 상태를 계산한다. 다음 사이클의 상태가 레지스터에 적힌다. 매 사이클마다 그 과정이 반복된다.

　　유한 상태 기계의 기능은 모든 상태와 모든 입력에 대해서 그 다음에 나올 상태를 적은 도표(테이블)에 따라 정해진다. 예를 들어 교통 신호등 제어기의 작동 상황을 다음 도표로 요약할 수 있다.

| 입력 | | 출력 | | |
|------|------|------|------|------|
| 건너기 단추 | 현상태 | 주도로 | 측면도로 | 다음상태 |
| 안 눌림 | A | 빨강 | 초록 | B |
| 안 눌림 | B | 빨강 | 노랑 | D |
| 안 눌림 | C | 노랑 | 빨강 | A |
| 안 눌림 | D | 녹색 | 빨강 | C |
| 안 눌림 | 건너기 | 건너기 | 건너기 | D |
| 눌림 | A | 빨강 | 초록 | B |
| 눌림 | B | 빨강 | 노랑 | 건너기 |
| 눌림 | C | 노랑 | 빨강 | 건너기 |
| 눌림 | D | 초록 | 빨강 | C |
| 눌림 | 건너기 | 건너기 | 건너기 | 건너기 |

유한 상태 기계를 구현하는 첫 단계는 위와 같은 도표를 만드
는 일이다. 두 번째 단계는 각 상태에 서로 다른 비트 패턴(bit
pattern)을 할당하는 과정이다. 교통 신호등 제어기가 갖는 다섯 가
지 상태를 표현하려면 3개의 비트가 필요하다(1비트가 늘어날 때마다
가능한 비트 패턴이 두 배로 늘어나기 때문에, $n$비트를 사용하면 $2^n$개의 상태까지

저장할 수 있다.). 앞에 나왔던 도표의 각 단어를 이진 패턴으로 계속 변환함으로써, 그 도표를 불 논리로 구현되는 함수로 변환할 수 있다.

　　교통 신호등 시스템에서는 타이머가 레지스터의 적기(writing)를 제어하는데, 이로 인해 일정한 시간 간격마다 상태가 변한다. 일정한 시간 간격으로 상태를 진행시키는 유한 상태 기계의 또 다른 예로 디지털 시계가 있다. 초 단위까지 표시하는 디지털 시계에서 표시할 수 있는 상태는 $24 \times 60 \times 60 = 86,400$가지다. 하루를 초로 나타내면 8만 6400초인데, 그 각각이 한 상태에 해당된다. 시계에 장착된 타이밍 메커니즘 때문에 1초에 한 번씩 정확하게 새로운 상태가 표시된다. 대다수의 범용 컴퓨터를 포함하여 여러 유형의 디지털 컴퓨터도 상태를 일정한 시간 간격으로 변화시키는데, 이 진행 속도를 기계의 클록 속도(clock rate)라고 한다. 컴퓨터에서 시간은 연속적인 흐름이 아니라 상태와 상태 사이에 일어나는 고정되어 있는 일련의 변환이다. 컴퓨터의 클록 속도가 이 변환의 속도를 결정하기 때문에, 컴퓨터의 시간과 실제 시간 사이의 대응을 이 클록 속도가 결정하게 된다. 예를 들면 지금 이 책을 쓰고 있는 노트북 컴퓨터는 클록 속도가 33메가헤르츠인데, 이것은 초당 3300만 번씩 상태를 바꾼다는 뜻이다. 클록 속도가 높아지면 컴퓨터 작동 속도도 빨라지지만, 다음 상태를 계산하기 위해 정보가 논리 블록 사이로 전송되는 데 필요한 시간에 제약이 따르기 때문에 클록 속도에는 한계가 있다. 기술이 진보함에 따라, 컴퓨터의 속도는 더 빨라지며 클록 속도도 증가한다. 이 책을 쓰는 지금의 내 컴퓨터는 최첨단 제품이지만, 독자들이 이 책을 읽을 때쯤이면 클록 속도가 33메가헤르츠인 컴퓨터는 느린 구식으로 여겨질지도 모르겠다. 이것이 바로 반도체 기술의 경이로움이다. 컴퓨터를 더 작게 만드는 기술이 발전할수록 속도도 점점 더 빨라진다.

유한 상태 기계가 중요한 한 가지 이유는 이것이 숫자열을 인식할 수 있다는 점이다. 0 – 5 – 2라는 숫자열이 입력되면 열리는 자물쇠를 예로 들어 보자. 기계식이든 전자식이든 그런 자물쇠는 그림 15의 상태 다이어그램을 갖는 유한 상태 기계다.

이와 비슷한 기계를 구성하면 어떠한 숫자열이라도 인식할 수 있다. 유한 상태 기계는 어떤 특정한 형태와 일치하는 숫자열을 인식할 목적으로 만들 수도 있다. 그림 16에는 1로 시작해서 그 다음에 0은 몇 개가 와도 상관없고 마지막 값이 3인 것만 확인하면 되는 기계의 다이어그램이 그려져 있다. 이러한 자물쇠일 경우에

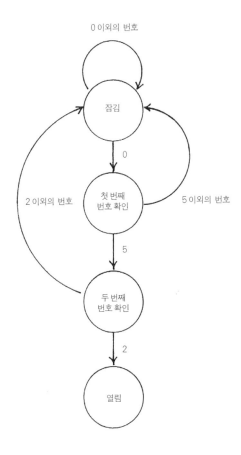

**그림 15**
0-5-2 번호 조합으로 열리는 자물쇠의 상태 다이어그램

는 1-0-3 조합이나 1-0-0-0-3 조합이 입력되면 열리고 형태에 맞지 않는 1-0-2-3 조합이 입력되면 열리지 않는다. 좀 더 정교한 유한 상태 기계는 문자열에 틀린 철자가 있는 경우 같은 더 복잡한 형태도 인식할 수 있다.

기능이 막강하기는 하지만 숫자열 속에 있는 모든 종류의 형태를 인식할 수는 없다. 예를 들면 3-2-1-1-2-3처럼 앞으로 읽든 뒤로 읽든 똑같이 읽히는 수 또는 문장을 회문(回文)이라고 하는데, 회문을 입력하면 열리는 자물쇠를 만드는 것은 불가능하다. 왜냐하면 회문은 길이가 무한정 길 수도 있어서 회문의 후반부를 인식하기 위해서는 전반부의 모든 문자를 기억해야 하기 때문이다. 즉 전반부의 문자가 무한개일 수 있으므로 기계의 상태 또한 무한개가 되어야 하기에 불가능하다는 말이다.

어떤 영어 문장이 문법적으로 옳은지를 판단하는 유한 상태 기계를 구성하는 것이 불가능함을 증명하는 방법도 위의 경우와 비슷하다. "Dogs bite(개들이 문다.)."라는 간단한 문장을 예로 들어 설명해 보자. 이 문장의 의미는 "Dogs that people annoy bite(물릴까 봐 사람들이 성가셔하는 개들)."처럼 수식 구절을 넣으면 바뀌게 된다. 이 문장에 다시 "Dogs that people with dogs annoy bite(개를

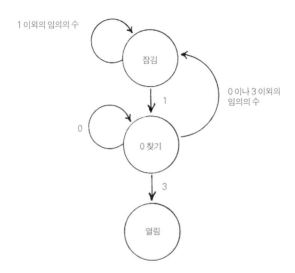

**그림 16**
1, 0, 3 이나 1, 0, 0, 0, 3 같은 숫자열을 인식하는 상태 다이어그램

---

갖고 있는 사람들이 물릴까 봐 성가셔하는 개들)." 같은 삽입구를 넣어서 의미를 변화시킬 수 있다. 이러한 문장의 의미는 분명하게 표현될 수도 있지만, 어쨌든 이해하기 어렵다고 해서 문법적으로 틀렸다고는 할 수 없다. 하나의 구절에 다른 구절을 삽입하는 이러한 과정은 원칙적으로 영원히 계속될 수 있으므로, "Dogs that dogs that dogs that dogs annoy ate bite." 같은 터무니없는 문장이 나오지 말라는 법도 없다. 유한 상태 기계가 그러한 문장이 문법적으로 옳은지를 판단하는 것은 불가능하며, 마찬가지로 사람도 그 일은 할 수 없다. Dogs가 몇 개인지 일일이 다 쫓아가려면 메모리 용량이 아주 커야 하기 때문이다. 유한 상태 기계를 궁지에 몰아넣는 위와 같은 종류의 문장은 사람도 다루기 어렵다는 것을 알아차린 몇몇 사람들은, 사람의 언어 이해 능력에 유한 상태 기계와 비슷한 어떤 기능이 내장되어 있지 않을까 추측하게 되었다. 다음 장에서 보게 되겠지만, 사람이 쓰는 언어의 재귀적 구조와 잘 맞아떨어지는 컴퓨터도 존재한다.

나에게 유한 상태 기계의 오묘한 세계를 처음으로 보여 준 사람은 은사인 마빈 민스키(Marvin Minsky)다. 그는 나에게 소위 '소총 부대 문제'라는 다음의 유명한 이야기를 해 주었다. 당신이 소총수들이 아주 길게 일렬로 늘어서 있는 소총 부대의 지휘관이라고 상상해 보자. 그 열이 너무나 길어 "발포!"라고 명령해도 모든 병사들이 다 들을 수 없다. 그래서 바로 옆 첫 번째 병사에게 명령을 내리면서 그 명령을 바로 다음 병사에게 전하고 그 다음 병사는 또 그 다음 병사에게 전하는 식으로 명령을 전달하기로 했다. 여기서 제일 어려운 문제는 어떻게 해야 모든 병사들이 동시에 발포하도록 할 수 있느냐 하는 것이다. 배경음으로 일정한 박자의 북소리가 울리고 있다. 하지만 병사가 전부 몇 명인지 모르는 까닭에 북소리가 몇 번 난 뒤에 발사하라고 명령을 내리면 동시 발사가 가능한지 알 수 없다(만약 총 10명의 병사가 있고 북이 한 번 울릴 때마다 명령이 뒤로 전해진다고 하면, 북이 10번 울리면 전원에게 명령이 전달되므로 북소리가 11번 이상 울린 경우에 발사하라는 명령을 내렸다면 동시 발사가 가능하다.—옮긴이). 문제의 핵심은 전원이 동시에 발사하기이므로, 각 병사가 자기 옆에 있는 병사에게 전할 복잡한 명령 집합을 내리면 된다. 이 문제에서 병사들은 각각이 일렬로 늘어선 유한 상태 기계인 셈인데, 각 기계는 동일한 클록(북소리)으로 상태(state)를 진행시키며, 또한 각 기계는 이웃 기계에서 나온 출력을 자기의 입력으로 받아들인다. 그러므로 명령이 대열의 끝에 도달했을 때 '발포' 출력을 내는 유한 상태 기계 한 대열을 만들기만 하면 문제는 해결된다(양쪽 끝에 있는 유한 상태 기계는 그 사이에 있는 다른 기계들과는 달라야 한다.). 여기서 정답을 말해 버리면 독자들의 재미가 없어지니 답을 말하지 않겠지만, 단지 몇 개의 유한 상태 기계만을 사용해도 문제를 해결할 수 있다는 것을 말해 두겠다.

유한 상태 기계와 불 논리를 어떻게 결합하면 컴퓨터가 만들어지는지 보여 주기 전에, 지금까지의 하향식 설명은 그만하고 다음 장으로 나아가고자 한다. 다음 장은 컴퓨터의 기능 가운데 대부분의 프로그래머가 컴퓨터를 다룰 때 마주치게 되는 가장 추상적인 단계에 대한 설명으로 시작하고자 한다.

## 3
## 프로그래밍

**어떤 일을 수행할지를 컴퓨터가** 알아듣도록 정확히 설명해 주기만 하면 컴퓨터는 마치 마법을 부리듯 척척 그 일을 해 낸다. 핵심은 컴퓨터가 해 주었으면 하는 일을 제대로 설명하는 것이다. 프로그램만 제대로 짜 주면 컴퓨터는 영화관도, 악기도, 참고서도, 체스 상대도 될 수 있다. 이 세상에 인간 이외에 그처럼 다재다능하고 광범위한 능력을 가진 존재는 없다. 궁극적으로 이런 모든 기능들은 앞에서 설명한 불 논리와 유한 상태 기계를 써서 구현할 수 있지만, 프로그래머는 굳이 그런 요소들을 염두에 두지 않아도 된다. 대신 프로그래머는 프로그래밍 언어라는 좀 더 편리한 도구를 다루기만 하면 된다.

불 논리와 유한 상태 기계가 컴퓨터 하드웨어의 구성 요소라면 프로그래밍 언어는 소프트웨어의 구성 요소라고 할 수 있다. 인간의 언어와 마찬가지로 프로그래밍 언어에도 어휘와 문법이 있지만, 모든 단어와 문장의 의미가 완벽하게 정의되어 있다는 점에서 인간의 언어와는 다르다. 불 논리가 보편적이듯 프로그래밍 언어도 보편적이다. 즉 컴퓨터가 수행하는 모든 일을 다 기술할 수 있다는 말이다. 프로그램을 만들어 본 사람은, 또는 프로그램을 수정하는 디버깅 정도만이라도 해 본 사람은 컴퓨터에게 어떤 일을 시키기가 그리 만만치 않음을 안다. 컴퓨터가 수행하기 바라는 작동 내용은 자세하게 기술해 주어야 한다. 고객에게 채무액을 갚으라는 청구서를 보내는 회계 프로그램을 예로 들어 보자. 우리가 자세하게 지시하지 않으면 채무를 계속 갚지 않는 고객에게 독촉장을 보내라고 했는데, 채무가 전혀 없는 고객에게도 0원을 지불하라고 독촉하는 청구서를 보내서 고객들을 화나게 할 수도 있다. 이런 터무니없는 일을 방지하는 것이 프로그래밍의 핵심이다. 원하는 바를 정확히 표현하기, 이것이 바로 프로그래밍의 기술이다. 위의 예에서 꼭 구별되어야 할 사항은 실제 채무액이 있는 고객과 채무액이 있음에도 지불하지 않은 고객의 차이다. 마크 트웨인의 표현을 빌리자면, 잘된 프로그램과 어딘가 부족한 프로그램의 차이는 마치 불빛과 반딧불의 차이라고나 할까?

숙련된 프로그래머는 보통 사람들은 표현하기 어려운 느낌을 언어로 표현할 줄 아는 시인과 비슷하다. 시를 읽는 독자도 어느 정도의 지식과 경험을 시인과 공유하고 있어야 한다. 프로그래머가 컴퓨터와 공유하고 있는 지식과 경험은 바로 프로그래밍 언어의 의미다. 컴퓨터가 프로그래밍 언어의 의미를 어떻게 '알 수' 있는지는 앞으로 조금씩 설명할 것이다. 우선 프로그래밍 언어의 문법, 어휘, 관용어부터 알아보자.

------

**컴퓨터에게 말 걸기**

프로그래밍 언어에는 여러 종류가 있다. 과거의 전통이나 관습, 기호 등이 이러한 다양성의 주요 원인이기도 하지만, 각기 다른 종류의 임무를 수행하기에 알맞도록 여러 언어가 존재할 필요가 있었기 때문이기도 하다. 각 언어는 자신만의 문장 구조를 갖는다. 언어를 배우려면 문장 구조를 배워야 하지만(인간 언어의 철자나 구두점의 기능과 비슷하게) 문장 구조가 의미나 표현력의 근본 요소는 아니다. 표현력에서 중요한 요소는 '원시 언어'라는 어휘, 그리고 새로운 개념을 정의하기 위해 원시 언어가 결합하는 방식이다.

　　언어가 데이터를 처리할 때 어떤 종류의 데이터를 조작하느냐에 따라 프로그래밍 언어는 서로 구별된다. 초기의 언어는 주로 숫자와 문자열을 처리하도록 설계되었다. 그 후 차츰 단어, 그림, 소리, 심지어 다른 컴퓨터 프로그램까지 처리하게 되었다. 그렇지만 어떤 종류의 데이터를 취급하든 프로그래밍 언어는 데이터 요소를 컴퓨터가 읽도록 해 주고, 데이터의 분리, 결합, 수정, 비교, 이름 부여 등의 작업을 수행한다는 점에서는 거의 비슷하다.

　　추상적인 설명 대신 그림으로 보여 주는 편이 훨씬 이해하기 쉬울 테니, 교육자이지 수학자인 세이머 페퍼트(Seymor Papert)가 개발한 아동용 프로그래밍 언어 '로고(Logo)'를 예로 들어 설명해 보자. 로고 언어는 입력을 받아서 그림, 문자, 숫자, 소리를 만들고 처리할 수 있다. 열 살 정도만 되어도 사용할 수 있을 만큼 단순한 언어지만, 가장 정교한 컴퓨터 언어의 주요 특징들을 두루 갖추고 있다. 심지어 다른 프로그램을 조작하는 능력까지 갖고 있다. 또한 로고는 확장 가능한 언어, 즉 로고 안에서 새로운 단어를 정의하기 위해 로고 자신을 이용할 수 있다.

**그림 17**
아동용 프로그래밍 언어 로고에서 그림을 그리는 거북

---

　로고로 만들 수 있는 가장 단순한 프로그램은 그림을 그리는 것이다. 모니터 안에 살고 있는 가상의 거북에게 방향을 알려 주면 된다. 거북이 연필 역할을 하여 모니터 안에서 움직이며 선을 그린다. 컴퓨터를 시작하면 거북은 모니터 가운데에서 위를 바라보고 있다. 아이가 "FORWARD 10(앞으로 10)"이라는 명령어를 입력하면 거북은 10 단위 길이의 선을 그리며 열 걸음 앞, 즉 위로 움직인다. FORWARD 명령어 다음에 나오는 10이라는 숫자는 파라미터(parameter)라고 한다. 위의 경우에 파라미터는 거북이 앞으로 몇

걸음을 가야 하는지를 알려 준다. 다른 방향으로 선을 그리려면, 거북을 돌려야 한다. "RIGHT 45(오른쪽 45)"라는 명령어는 현재 있는 머리 위치에서 오른쪽으로 45도 방향으로 머리를 향하라는 뜻이다. 그 다음 FORWARD 명령에 파라미터를 붙이면 새로운 방향으로 선이 그어진다그림 17.

　　FORWARD(앞으로), BACKWARD(뒤로), RIGHT(오른쪽), LEFT(왼쪽) 같은 명령어를 써서 거북을 모니터 여러 곳으로 움직이며 그림을 그릴 수 있지만, 매번 입력해 주어야 하니 지겨운 일이

```
TO SQUARE

FORWARD 10

RIGHT 90

FORWARD 10

RIGHT 90

FORWARD 10

RIGHT 90

FORWARD 10

END
```

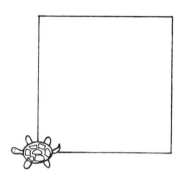

**그림 18**
컴퓨터 거북이 로고로 만든 프로그램에 따라 그린 정사각형

------------------------------------------------------------

다. 하지만 프로그래밍 언어는 새로운 단어를 정의할 능력이 있으
므로 이런 문제를 가볍게 해결할 수 있다. 바로 위의 프로그램에
아이가 어떻게 거북이 사각형을 그리도록 할 수 있는지 나와 있다.

　'SQUARE(정사각형)'라는 단어를 새로 정의한 덕분에 그림 18
에서처럼, 10 단위 길이의 정사각형을 단지 'SQUARE'라는 단어
하나로 그릴 수 있게 되었다(SQUARE라는 이름은 두 말할 것도 없이 임의로
붙인 것이다. 이름을 BOX(상자)나 XYZ라고 붙여도 컴퓨터는 똑같은 일을 수행한
다. 아이들이 이 사실을 간파하고 나면, 정사각형 그리는 일에 슬쩍 TRIANGLE(삼

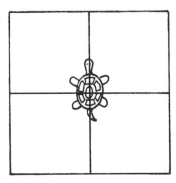

**그림 19**
4개의 정사각형으로 된 창문

---

각형)이라고 이름 붙이고는 컴퓨터를 속였다며 신나 한다.).

　'SQUARE'라는 단어가 정의되면, 컴퓨터 어휘의 일부로 포함
되므로 다른 단어를 정의하는 데에도 사용할 수 있다. 예를 들어

　　　TO WINDOW

　　　SQUARE

　　　SQUARE

　　　SQUARE

```
SQUARE

END
```

라는 프로그램을 실행하면 각각의 정사각형이 다른 위치에서 그
려진다. 왜냐하면 정사각형을 그리고 나면 거북이 90도 회전하기
때문이다. 컴퓨터 용어로 SQUARE는 WINDOW 프로그램이 호
출하는 서브루틴(subroutine)이다. SQUARE 서브루틴은 또한 원시
명령어 FORWARD와 RIGHT를 이용하여 정의되어 있다. 로고에
서 사용자가 정의하는 단어는 파라미터를 가질 수도 있다. 예를 들
면 어떤 파라미터가 각 정사각형의 변의 길이를 정하도록 지정해
줌으로써 다양한 크기의 정사각형을 그릴 수 있다그림 19.

```
TO SQUARE :SIZE

FORWARD :SIZE

RIGHT 90

FORWARD :SIZE

RIGHT 90

FORWARD :SIZE
```

```
RIGHT 90
FORWARD :SIZE
END
```

SIZE 명령어 앞에 있는 콜론(:)은 문장 규칙(syntax)의 한 예다. 로고에서 콜론 뒤에 오는 단어는 파라미터(다른 어떤 것을 표현한다.)임을 나타낸다. 위의 경우에는 SQUARE라는 서브루틴을 호출할 때마다 따라 나오는 숫자가 파라미터다. SQUARE를 이렇게 정의하면, SQUARE 15라는 명령을 내리면 변의 길이가 15 단위인 정사각형이 그려진다. SIZE라는 파라미터 이름은 임의로 붙였기에 SQUARE의 정의 안에서만 의미를 갖는다. 위의 5개 SIZE 대신 X라고 써도 컴퓨터는 똑같은 그림을 그린다.

다른 방법으로 정사각형을 그리는 서브루틴을 작성할 수도 있다. 예를 들면 거북에게 왼쪽으로 네 번 돌라거나 뒤쪽으로 네 번 돌라고 지시하면 된다. SQUARE가 어떤 식으로 정의되는지는 중요하지 않고 서브루틴이 무슨 선을 그리고 거북을 어느 위치에 두느냐가 핵심이다. 어떻게 정의되건, 그리고 사용자가 정의한 단어든, 그 언어의 원시 언어든 다른 프로그램들이 SQUARE를 호출

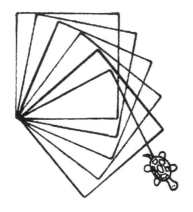

**그림 20**
그림을 그리고 있는 DESIGN 루틴

---

할 수 있다. 기능적 추상화라는 막강한 능력을 사용하여 프로그래머는 새로운 구성 블록을 만들어 낸다.

　로고를 다루는 어린이는 어떤 단어의 정의 안에 그 단어를 다시 끼워 넣을 수 있다는 것을 눈치챈다. 이것이 바로 '재귀(recursion)'라고 부르는 정의 방법이다. 예를 들면 꼭지점 하나를 중심축으로 하여 여러 개의 정사각형이 둥글게 배열된 그림을 그리는 명령을 DESIGN이라고 한다면, 이 명령은 다음과 같이 정의할 수 있다.

TO DESIGN

SQUARE

RIGHT 10

DESIGN

END

이 DESIGN 명령을 받으면, 거북은 일단 정사각형을 하나 그리고 오른쪽으로 10도만큼 회전한 후에 앞의 행동을 다시 한 번 똑같이 반복한다 그림20. DESIGN을 이처럼 재귀적으로 정의하면, 한 가지 문제가 발생한다. '영원히 반복되지 않는가?' 하는 것이다. 컴퓨터가 매번 DESIGN 명령을 읽을 때마다 정사각형을 그리고 다음 DESIGN 명령으로 이동한다. 그러면 또 정사각형을 그린다. 이것은 끝없이 반복된다. 이것은 지구가 거대한 거북의 등 위에 얹혀져 있다고 주장하는 어느 스승과 제자가 주고받는 문답과 흡사하다. 제자가 "그럼 그 거북은 어디에 앉아 있습니까?"라고 묻는다. "다른 거북의 등 위에 앉아 있지."라고 스승이 대답하자, "그럼, 그 거북은요?"라고 제자가 영 못 믿겠다는 듯이 다시 묻는다. 이에 대한 스승의 대답이 걸작이다. "그런 질문은 해도 소용없단다. 거북은 그런 식으로 영원히 아래로 이어져 있으니까."

　무한개의 거북이 쌓여 있다고 상상하는 사람과 마찬가지로 컴퓨터도 DESIGN을 그리면서 이와 동일한 과정을 수행하는데, 안타깝게도 컴퓨터는 그렇게 하면 끝이 없다는 사실을 알아차리지 못한다. 중간에 외부에서 중단시키지 않으면 멈추지 않는데, 이것이 대부분의 컴퓨터 프로그램의 속성 가운데 하나인 무한 루프다. 무한 루프를 의도적으로 만들 때도 있는데, (조금 후에 보겠지만) 그런 루프가 언제 발생될지 정확히 예측하기는 매우 어렵다. 무한 루프는 정사각형을 몇 번 그릴지를 정해 주는 파라미터를 붙이면 손쉽게 방지할 수 있다.

```
TO DESIGN :NUMBER
SQUARE
RIGHT 10
IF :NUMBER = 1 STOP ELSE DESIGN :NUMBER -1
END
```

이렇게 정의하고 나면 DESIGN 서브루틴은 파라미터가 1이냐 1 이상이냐에 따라 다르게 작동한다. 예를 들면 DESIGN 1은 정사각형 1개만 딱 그리고 끝날 테고, DESIGN 5는 정사각형 1개를 그린 다음 회전하고 나서 DESIGN 4를 그린다. DESIGN 4는 정사각형 1개를 그린 다음 회전하고 나서 DESIGN 3을 그리며 이런 식으로 계속 DESIGN 1까지 그려 나간다. DESIGN 1이 정사각형 1개를 그리면 마침내 멈춘다.

가변 파라미터를 갖는 이런 종류의 재귀적 정의는 자기 유사성 구조로 되어 있는 형태를 표현하는 데 도움이 된다. 그림의 전체 형태가 그림 안의 부분에도 똑같이 나타나는 그림은 재귀적인 그림이며 자기 유사성 구조를 갖는 사례인데, 그러한 구조를 보통 프랙털(fractal)이라고 한다. 실제로는 자기 유사성 구조가 영원히 반복되지는 않는다. 예를 들면 나무에 달려 있는 가지 1개는 작은 크기의 나무처럼 보이고, 각각의 더 작은 가지에는 여전히 이들보다 더 작은 나무처럼 보이는 가지들이 달려 있다. 이런 재귀 현상도 몇 단계 계속되다 보면 가지가 너무 작아져 버려서 더 이상 아래 단계의 가지가 달릴 수 없게 된다.

나무를 그리는 재귀적인 로고 프로그램은 쉽게 만들 수 있다.

```
TO TREE : SIZE

FORWARD : SIZE

IF : SIZE < 1 STOP ELSE TWO -TREES SIZE/2

BACK : SIZE

END


TO TWO - TREES : SIZE

LEFT 45

TREE :SIZE

RIGHT 90

TREE : SIZE

LEFT 45

END
```

이것을 통해 컴퓨터 프로그램이 어떻게 시적인 요소를 가질 수 있는지 짐작할 수 있다. 선을 그리는 거북을 정확한 지점에 매번 위치시켜야 하고 그린 후에는 시작점으로 다시 돌아오게 해야 하기 때문에 시적 정취가 약간 떨어지지만 말이다. 프로그램의 관점에

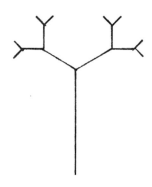

**그림 21**
재귀적 로고 프로그램으로 그린 나무

---------------------------------------------------------------

서 해석해 보면 이렇다. "하나의 큰 나무는 꼭대기에 2개의 작은 나무가 달린 하나의 막대인데, 그 작은 나무는 더 이상 달린 나무가 없는 하나의 막대일 뿐이다." 이 나무 프로그램으로 그린 그림이 그림 21에 나와 있다.

　지금까지 살펴보았듯이 재귀적인 정의는 아주 막강한 기술로 정평이 나 있다. 많은 종류의 데이터가 재귀적 구조로 되어 있다. 특별한 경우에는 프로그램 자신조차도 재귀적 구조로 되어 있다. 재귀적 정의는 재귀적 데이터를 처리할 때 특히 더 편리하다. 재귀적 정의의 전형적인 구조는 두 부분으로 구성되어 있다. 첫 번째 부분에서는 단순한 어떤 특정 사례를 기술하고, 두 번째 부분에서는 좀 더 복잡한 사례가 어떻게 해서 더 단순해질 수 있는지를 기술한다. 앞에 나온 재귀적 나무<sub>그림 21</sub>를 예로 들어 설명하면, 단순한 사례는 크기가 1보다 작은 나무(그림 21을 그리도록 한 나무 프로그램에서 나무 크기의 최소 단위를 1로 정의했기 때문이다.—옮긴이)고 좀 더 복잡한 사례는 나무 줄기와 2개의 작은 나무로 이루어진 큰 나무다.

　　회문의 정의도 재귀적 정의의 또 하나의 예다. 회문의 정의는 다음과 같다. 단어가 두 글자 미만일 때(즉 한 글자만 있을 때)나 단어의 첫 글자와 마지막 글자가 똑같고 이 둘을 제외한 가운데 부분이 회문을 이룰 때, 그 단어는 회문이다. 이러한 재귀적 정의 방법을 쓰면 로고 프로그램이 가장 쉽게 회문을 인식할 수 있다.

　　컴퓨터 언어에는 LISP, ADA, FORTRAN, C, ALGOL 등 많은 종류가 있는데, 대부분의 언어 이름은 뜻이 애매한 줄임말이다(FORTRAN은 FORmula TRANsition의 줄임말, LISP은 LISt Processing의 줄임말이다.). 이 언어들은 어휘와 문장 구조의 세부적인 면에서 로고와 다르지만, 처리하는 임무는 별반 다르지 않다. FORTRAN 같은 몇몇 프로그램은 재귀적 연산을 정의하거나 수치 형태가 아닌 데이터를 처리하는 능력에 한계가 있다. 또 C와 LISP 같은 프로그램들을 이용하면 데이터를 표현하는 데 기본이 되는 비트 단계까지 조작할 수 있어서 프로그래머의 프로그래밍 능력이 훨씬 더 커지는 한편, 실수할 가능성도 함께 커진다. 예를 들면 C에서는 2개의 알파벳 문자를 곱하는 일이 가능한데, 이러한 비상식적인 결과는 컴퓨터가 데이터를 이진수로 표현하기 때문에 생긴다. LISP 같은 언어는 하위 단계 기능뿐만 아니라 추상적인 기능도 제공한다. 내 친구인 컴퓨터 과학자 가이 스틸(Guy Steele)이 한때 이런 말을 한 적이 있다. "LISP가 분명 고차원적인(high-level) 언어긴 한데, 비트들이 늘상 내 발가락 사이로 미끄러져 다니는 것만 같단 말이야. (LISP가 하위 단계의 기능도 제공함을 비유적으로 표현한 말—옮긴이)"

요즘에는 새로운 세대의 언어가 나타나기 시작했다. Small Talk, C++, Java 같은 새로운 언어들은 '객체 지향' 언어다. 이 프로그래밍 언어들은 데이터 구조(예를 들면 모니터에 그려지는 그림 한 장)를 그림의 위치나 색깔처럼 내부적 상태를 갖는 하나의 '객체'로 취급한다. 이 객체들은 다른 객체들에게서 명령을 전달받을 수도 있다. 이것이 왜 필요한지 이해하려면, 통통 튀어 오르는 공들이 나오는 비디오 게임 프로그램을 작성한다고 상상해 보자. 모니터에 나오는 각각의 공은 하나하나 별개의 객체로 정의된다. 프로그램은 작동 규칙을 정해서 그 객체에게 모니터에서 그리기, 움직이기, 튀어 오르기, 다른 객체와 상호 작용하기 등을 지시한다. 각각의 공이 비슷한 행동을 보이겠지만 서로 조금씩 상태가 다르다. 왜냐하면 모니터에서 각자의 위치가 있고 색깔, 속도, 크기 등도 고유한 자신의 값을 갖기 때문이다.

객체 지향 언어의 가장 큰 이점은 객체들(예를 들면 비디오 게임에 나오는 여러 가지 물체들)이 독립적으로 지정되고 새 프로그램을 만들기 위해 결합될 수 있다는 점이다. 새로운 객체 지향 프로그램을 작성하는 일은 한 무리의 짐승을 우리에 가두어 놓고 무슨 일이 생기나 살펴보는 일과 비슷하다. 프로그램된 객체들의 상호 작용의 결과로 프로그램의 특성이 나타난다. 객체 지향 언어는 생긴 지 얼마 되지 않았기 때문에, 비행기의 조종 시스템처럼 안전성이 절대적으로 중요한 프로그램을 작성할 때에는 선뜻 사용하지 않게 된다.

프로그래밍 언어는 사람이 쓰는 언어에 비해 배우기가 그다지 어렵지 않다. 일단 두어 개의 언어를 익히고 나면 다른 것을 배우는 것은 시간 문제일 뿐이다. 문장 구조가 단순하고 어휘도 고작 수백 개에 지나지 않기 때문이다. 사람이 쓰는 언어에서도 마찬가지지만, 프로그래밍 언어를 이해하는 능력이 있다고 해서 프로그래밍 언어를 직접 작성할 수 있다고 보기는 어렵다. 컴퓨터 언어에도 셰익스피어의 작품처럼 잘 작성된 프로그래밍 코드가 있어 그 코드를 읽는 즐거움이 있다. 잘 작성된 컴퓨터 프로그램에는 자신만의 스타일, 섬세함, 유머 그리고 최상의 산문을 능가하는 시적 간결함이 스며들어 있다.

------
### 연결 고리 만들기

　로고와 같은 언어로 작성된 명령을 수행하는 데 유한 상태 기계가 어떻게 사용되는 것일까? 이에 대한 답을 얻으려면 불 논리가 포함되는 좀 더 깊이 있는 토론을 다시 해야 한다. 유한 상태 기계와 로고는 세 가지 주요 단계를 통해 연결되어 있다. 첫째는 요청받은 임무에 관한 정의를 저장하는 장치인 메모리를 덧붙여서 유한 상태 기계를 확장하는 단계고, 둘째는 이 확장된 기계가 기계의 작동을 지시하는 원시 언어인 기계어로 적힌 명령을 수행하는 단계, 마지막 셋째 단계는 기계어가 컴퓨터에게 로고와 같은 프로그래밍 언어를 해석해 주는 단계다. 이 장의 나머지 부분에서는 위의 모든 단계들이 세부적인 차원에서 어떻게 작동하는지를, 이 책 전체를 이해하는 데 필요한 정도 이상으로 훨씬 상세히 설명하고자 한다. 모든 단계들을 다 이해할 필요는 없다. 기능적 추상화의 여러 계층들이 어떻게 상호 작용하는지 전체적인 윤곽만 잡으면 충분하다. 이것은 이 장의 마지막 구절에 다시 한 번 요약해 두었다.

　컴퓨터는 메모리와 결합된 특별한 유형의 유한 상태 기계라고 할 수 있다. 컴퓨터의 메모리(사실은 배열된 데이터 저장 공간이라 할 수 있다.)는 트랜지스터로 이루어져 있는데, 이는 유한 상태 기계에서 상태값을 저장하는 레지스터와 동일하다. 각각의 레지스터에는 워드(word)라는 비트 집합이 저장되어 있는데, 이 워드를 유한 상태 기계가 읽거나 쓴다. 워드 안에 있는 비트의 수는 컴퓨터마다 다르지만, 현대의(지금 내가 사용하고 있는) 마이크로프로세서에서는 보통 8개, 16개 또는 32개다(워드의 크기는 기술 발달에 따라 계속 커질 것이다.). 보통의 메모리는 100만 개 내지 수십억 개의 레지스터로 이루어져 있는데, 각 레지스터마다 단 1개의 단어를 저장하게 된다. 한 번에 접속할 수 있는 레지스터는 단 1개뿐이어서, 각 유한 상태 기계의 사이클마다 레지스터에 있는 단 1개의 데이터만 읽거나 쓸 수 있다. 메모리 안의 각 레지스터는 서로 다른 주소를 가지므로

(이 주소는 어느 레지스터에 접속할지를 알려 주는 비트 집합이다.) 메모리 안의 번지라고 불리기도 한다. 메모리에는 불 논리 블록이 담겨 있는데, 이것이 주소를 해독해서 읽거나 쓸 번지를 선택한다. 데이터를 이 메모리 번지에 쓰게 하려면, 논리 블록들이 새로운 데이터를 번지가 지정된 레지스터에 저장해 주어야 한다. 레지스터를 읽으려면 논리 블록이 번지가 지정된 레지스터에서 메모리의 출력으로 데이터를 옮겨야 하는데, 이 출력이 유한 상태 기계의 입력에 연결되어 있다.

메모리에 저장된 몇몇 워드들은 그 메모리에서 실행될 숫자나 문자와 같은 데이터를 표현하고 있다. 다른 워드들은 컴퓨터가 어떤 일련의 연산을 수행할지를 지시하는 명령을 표현한다. 그 명령들은 기계어 형태로 저장되어 있는데, 이 기계어는 앞에서 말했듯이 보통의 프로그래밍 언어보다 훨씬 단순하다. 기계어는 유한 상태 기계에 의해서 곧바로 번역된다. 여기서 설명하는 유형의 컴퓨터에서는 기계어 형태의 각각의 명령은 메모리에 단 1개씩 워드로 저장되어 있고, 일련의 명령 집합은 순차적으로 번호가 매겨진 메모리 번지의 한 블록에 저장되어 있다. 이러한 일련의 기계어 명령 집합은 컴퓨터 안에 들어 있는 가장 단순한 유형의 소프트웨어인 셈이다.

유한 상태 기계는 아래에 나와 있는 일련의 연산들을 반복적으로 수행한다. (1) 메모리에서 나온 명령 읽기 (2) 그 명령어에 따른 연산 수행 (3) 다음 명령의 주소를 계산하기. 이런 일을 할 때 필요한 일련의 상태값들은 기계의 불 논리에 내장되어 있으며, 명령어조차도 특정한 비트의 집합이다. 특정한 비트의 집합인 이러한 유한 상태 기계가 메모리의 데이터가 여러 연산을 수행하도록 한다그림 22. 예를 들면 ADD 명령은 메모리 안의 두 레지스터 값이 합

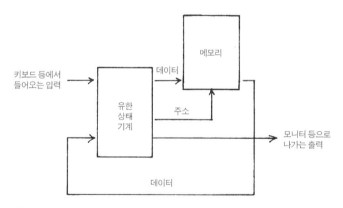

**그림 22**
메모리에 연결된 유한 상태 기계, 즉 컴퓨터의 기본 구조.

해지도록 지정하는 특별한 비트 집합이다. 이 비트 집합을 인식하자마자 유한 상태 기계는 합해질 메모리 번지를 읽고 나서, 그 메모리의 두 수를 합한 다음, 그 합을 메모리에 다시 적는 일련의 과정을 거치게 된다.

대부분의 컴퓨터에는 두 가지 유형의 기본 명령이 있는데, 바로 처리 명령과 제어 명령이다. 처리 명령은 메모리에서 데이터를 꺼내 이동, 결합시켜 산수/논리 연산을 수행하거나 출력값을 메모리에 저장한다. 메모리 번지, 즉 레지스터의 주소는 처리 명령어에 따라 지정된다. 보통 이 명령들은 몇 개의 레지스터만 직접 참조하고, 주소가 저장된 번지가 다른 레지스터를 참조할 때에는 간접적으로만 참조한다. 예를 들어 MOVE 명령이 레지스터 1에 있는 데이터를 레지스터 2에서 지정한 주소로 옮기는 명령이라고 하자. 레지스터 2가 1234라는 수를 지정하는 비트 집합을 저장하고 있다면, 그 데이터는 레지스터 1234로 이동하게 된다. 다른 처리 명령은 메모리 레지스터에 있는 데이터를 결합한다. AND, OR 및 인버터 같은 불 논리를 레지스터의 비트 집합에서 수행하는 명령들도 있다.

제어 명령은 불러올 다음 명령의 주소를 결정한다. 이 주소는 프로그램 카운터라고 불리는 특수한 레지스터 안에 저장되어 있다. 일반적으로 명령은 연속적인 메모리 번지에서 순차적으로 호출되기 때문에 프로그램 카운터의 주소는 명령을 한 번 호출할 때마다 1씩 증가한다. 제어 명령이 개입하여 다른 수가 프로그램 카운터에 들어오게 함으로써 실행 순서에 영향을 미치게 된다. 가장 단순한 제어 명령어가 JUMP 명령인데, 이 명령은 프로그램 카운터에 특정한 주소를 저장해 다음 명령이 그 주소에서 호출되도록 한다. JUMP 명령의 변형이 '조건 JUMP(conditional JUMP)'인데, 이 명령은 특정 조건이 충족될 때, 예를 들어 두 레지스터의 비트가 동일한 경우 등에만 프로그램 카운터에 다른 주소를 올려놓는다. 조건이 충족되지 않으면 조건 JUMP는 아무 영향도 미치지 않으며 다음 명령이 순차적으로 호출된다.

　　동일한 일련의 명령을 반복적으로 실행할 필요가 있으면, 조건 JUMP를 명령어의 마지막에 두어 가능한 한 여러 번 프로그램 카운터를 제일 처음으로 돌아가게 한다. 이것을 루프라고 하며, 로고 프로그램에서 이미 이러한 예를 다루었다. 순차적인 명령열은 JUMP가 더 이상 조건을 만족시키지 않을 때까지 반복해서 실행된다. 한 명령 집합을 10회 반복시키려면, 메모리 레지스터 1개를 정해서 루프의 반복 횟수를 세는 임무를 맡기면 된다.

　구체적으로 컴퓨터가 어떤 명령들을 인식할지는 컴퓨터마다 다르다. 컴퓨터 설계자들은 어떻게 해야 최적의 명령어 집합을 구성할 수 있는지를 놓고 몇 년이나 토론을 벌일 수도 있다(실제로 벌이고 있다.). '축소 명령 집합 컴퓨터(RISC, reduced instruction set computer)'의 상대적인 장점에 관한 논쟁이 대표적인데, 이것은 가능한 한 최소한의 단순한 명령 집합을 사용한다. 반면에 '복합 명령 집합 컴퓨터(CISC, complex instruction set computer)'는 복잡하고 막강하며 풍부한 명령 집합을 갖추고 있다. 어떠한 명령 집합이라도 합리적으로 작성되어 있기만 하면 다른 명령어 집합을 시뮬레이션할 수 있으므로, 이 논쟁은 사실 프로그래머에게는 별로 중요하지 않다. 컴퓨터의 역사를 돌아보면, 한두 종류의 컴퓨터가 거둔 상업적 성공은 명령 집합의 복잡성이나 내부 구조의 세밀함과는 전혀 관계가 없다. 사실 개인용 컴퓨터에 이용되는 마이크로프로세서처럼 큰 성공을 거둔 몇몇 컴퓨터들은 컴퓨터 프로그래머의 관점에서 보면 조잡하기 이를 데 없는 명령 집합으로 설계된 작품이다. 그러나 컴퓨터 설계의 세부 사항은 사용자에게는 별 의미가 없다.

▬

명령 집합의 복잡성이 중요하지 않은 이유 중 하나는 서브루틴과 관련이 있다. 서브루틴 덕분에 일련의 명령들은 프로그램의 여러 곳에서 반복적으로 사용된다. 서브루틴 호출 덕분에 프로그래머는 일련의 다른 명령들을 이용하여 새로운 명령들을 효과적으로 정의할 수 있다. 프로그램은 JUMP 명령을 사용하여 프로그램 카운터에 서브루틴의 주소를 올려놓음으로써 그 서브루틴에 접속한다. 하지만 그전에 컴퓨터는 프로그램 카운터의 이전 값을 특별한 메모리 번지에 저장해 놓는다. 서브루틴이 끝나면 또 다른 명령이 위의 복귀 주소를 읽어서 서브루틴이 호출될 때의 번지로 돌아간다.

이러한 서브루틴 호출 과정은 재귀적으로 일어날 수 있다. 무슨 말인가 하면 어떤 서브루틴 안에서 명령들이 순차적으로 실행되다가, 그 서브루틴 내부에 있는 다른 서브루틴으로 분기할 수 있다는 뜻이다. 서브루틴은 재귀적인 정의를 통해서 자기 자신을 호출할 수도 있다. 이렇게 서브루틴 안에 서브루틴을 두고도 제 위치를 찾아갈 수 있도록 하기 위해 컴퓨터는 복귀 주소를 저장하는 체계적인 방법을 가지고 있다. 따라서 컴퓨터는 각 서브루틴이 임무를 마친 후 어디로 돌아가야 할지를 알게 된다. 모든 복귀 주소를 동일한 특정 번지에 저장한다고 문제가 끝나지는 않는다. 왜냐하면 서브루틴 속에 서브루틴이 포개져 있어 2개 이상의 복귀 주소가 필요하기 때문이다. 보통은 스택(stack, 숯이나 밀짚 등이 더미가 쌓인 것을 가리키는 단어로, 나중에 넣은 데이터를 가장 먼저 꺼낼 수 있는 데이터 기억 장치를 뜻한다.—옮긴이)이라고 불리는 일군의 연속적인 번지에 복귀 주소를 저장한다. 최초의 복귀 주소가 스택의 '제일 위'에 저장된다. 메모리 스택은 동전을 넣어 둔 동전통처럼 내용물이 맨 위에서부터 없어지거나 더해지는, 즉 '꼴찌 입장 일등 퇴장' 방식의 저장 시스템이다. 이것은 포개진 서브루틴의 복귀 주소를 저장하는 데 안성맞춤이다. 그 까닭은 포개진 서브루틴들이 전부 끝나지 않는 한, 최상위 서브루틴이 끝날 수 없기 때문이다.

　　아주 유용한 몇몇 서브루틴들은 컴퓨터에 항상 올려져 있다. 이러한 서브루틴 집합을 운영 체제(OS, Operating system)라고 부른다. 유용한 운영 체제 서브루틴들은 키보드에 입력된 문자들을 읽고 쓰거나 모니터에 선을 그리는 것처럼 여러 가지 사용자 인터페이스(interface, 사물과 사물, 사람과 사물 사이의 의사소통을 가능하게 하는 물리적·가상적 매개체. 사용자 인터페이스는 사용자와 컴퓨터를 연결하는 매개체를 가리킨다.—옮긴이) 등에 관한 것이다. 사용자 입장에서 보면 운영 체제야말로 컴퓨터를 직접적으로 느끼게 해 주는 요소다. 운영 체제의 서브루틴이 응용 프로그램에 기계어 명령보다 훨씬 풍부하고 복잡한 명령 집합을 제공하기 때문에, 운영 체제는 컴퓨터와 실행 중인 모든 프로그램 사이의 인터페이스를 관장한다.

동일한 비트 집합이 동일한 결과만 내놓는다면 프로그래머는 사실 그 기능이 하드웨어를 통해 구현되든 운영 체제 소프트웨어를 통해 실행되든 관여할 필요가 없다. 동일한 프로그램이 서로 다른 두 유형의 컴퓨터에서 실행될 수도 있는데, 이때 그 프로그램 실행에 필요한 수학 연산을 한쪽에서는 하드웨어에서 행하고, 다른 쪽에서는 운영 체제 서브루틴에서 행할 수 있다. 이와 비슷하게 어느 한 종류의 컴퓨터에 내장된 운영 체제가 그 컴퓨터가 다른 종류의 컴퓨터에 있는 명령 집합 전부를 에뮬레이션(어느 한 운영 체제에서 실행되는 프로그램을 다른 운영 체제에서도 실행되도록 하는 과정 —— 옮긴이) 하도록 할 수도 있다. 컴퓨터 제조업자는 때때로 그러한 에뮬레이션을 이용하여 이전 컴퓨터처럼 작동하는 새로운 모델의 컴퓨터를 만들기도 한다. 그렇게 하면 예전의 소프트웨어를 수정하지 않고도 새 모델에서 실행할 수 있다.

운영 체제에는 보통 입출력을 수행하는 서브루틴이 포함되어 있어서 프로그램이 외부와 연락을 주고받을 수 있도록 한다. 이 상호 연락은 컴퓨터 내의 특정 메모리 번지를 키보드나 마우스 같은 입력 장치 또는 모니터 같은 출력 장치에 접속시킴으로써 이루어진다. 예를 들면 키보드의 스페이스바는 23번 메모리 레지스터와 전선으로 연결되어 있다. 따라서 23번 주소에서 읽는 데이터는 스페이스바가 눌려 있으면 1이 되고, 눌려 있지 않으면 0이 된다. 모니터에 있는 점 하나의 색깔을 제어하는 일도 메모리 레지스터가 맡는다. 만약 모니터에 표시된 점들이 전부 별개의 메모리 레지스터에 저장되어 있는 데이터라면, 메모리에 적절한 비트 형태만 적어 넣어 주면 컴퓨터는 모니터에 그 점들을 나타낼 수 있다.

입출력 메커니즘만 제외하면, 지금까지 설명한 컴퓨터는 단지 메모리에 연결된 유한 상태 기계일 뿐이다. 이 두 가지, 즉 메모리와 유한 상태 기계는 1, 2장에서 설명한 기술을 사용하면 레지스터와 불 논리 블록만으로 완전히 구성할 수 있다. 컴퓨터를 제어하는 유한 상태 기계가 복잡하기는 하지만, 신호등을 제어하는 유한 상태 기계와 원칙적으로 다르지 않다. 메모리 데이터, 주소, 실행될 각 명령에 해당하는 상태열(state sequence)을 세세히 정해 주고 이 상태 도표를 불 논리로 변환시켜 주기만 하면 설계가 간단히 끝난다. 요약하자면 유한 상태 기계와 메모리는 레지스터와 불 논리 블록만 있으면 만들 수 있기 때문에, 전자 기술이든 수압 밸브든 미끄러지는 막대든 어떤 기술로도 구현할 수 있다.

------

**컴퓨터는 번역가**

지금까지 컴퓨터가 내리는 명령이 기존의 기술과 어떻게 연결되는지 살펴보았다. 하지만 그 명령이 프로그래밍 언어로 작성된 프로그램을 어떻게 실행시키는 것일까? 그리고 언제 그 언어가 워드(word) 형태로 바뀌고 명령들이 비트 집합으로 변환될까? '컴퓨터 자신이 필요한 번역을 해 낸다.'가 바로 답이다.

컴퓨터가 하는 번역 과정은 차분하고 꼼꼼한 번역가가 외국어로 쓰인 문장을 그 언어로 된 사전(예를 들면 영영사전—옮긴이)을 찾으며 번역하는 일과 비슷하다. 번역가는 모르는 단어가 나올 때마다 사전을 찾아본다. 그리고 사전에서 정의한 단어의 설명에 모르는 단어가 또 나오면, 그 단어도 그 사전에서 찾아본다. 이 과정은 단어의 정의에 나와 있는 모든 단어들의 의미를 다 이해해야만 끝난다. 컴퓨터의 사전은 프로그램이고 컴퓨터가 알고 있는 단어는 앞에서 설명한 프로그램 언어의 원시 언어들이다. 이 원시 언어들은 기계어 명령을 단순하게 나열한 것으로, 직접적으로 정의되어 있다. 예를 들면 컴퓨터 사전에서 로고 언어의 원시 언어인 FORWARD의 정의를 찾아보면, 적절한 선을 모니터에 그리라는 기계어 명령열이 나온다.

컴퓨터가 로고 원시 언어를 기계어로 어떻게 번역하는지를 이해하기 위해서는 로고 프로그램을 메모리 안에 표현하기 위해 컴퓨터가 사용하는 규칙을 이해하는 것이 도움이 된다. 로고 프로그램을 컴퓨터 메모리에 저장하는 한 가지 방법은 각각의 문자마다 1개의 메모리 번지에 저장하면서 인접하는 메모리 번지에 하나의 문자열로 저장하는 것이다. 컴퓨터는 메모리 안에 각각의 명령어 이름에 해당하는 명령열의 주소 디렉토리를 저장하고 있다. 이 디렉토리는 각 명령어 이름과 그 주소를 함께 적어놓은 목록의 형태로 메모리 안에 저장되어 있다. 컴퓨터가 어떤 이름을 가진 객체의 번지를 찾으려면 그 이름이 등록되어 있는 디렉토리를 찾아 그 이름에 해당하는 주소를 찾으면 된다. 특정 명령을 수행하라는 지시를 받은 컴퓨터는 그 명령에 대한 정의가 어디에 저장되어 있는지 파악하기 위해 디렉토리에서 그 명령어 이름을 찾게 된다.

———

디렉토리를 뒤져서 해당하는 기계어 열을 찾는 이러한 과정 중 일부는 프로그램이 실행되기 전에 해도 된다. 이 방법을 이용하면 프로그램이 한 번 이상 실행될 때마다 동일한 것을 반복해서 찾을 필요가 없기 때문에 시간을 아낄 수 있다. 대부분의 변환이 프로그램 실행 전에 이루어지면 그 번역 과정을 컴파일링(compiling)이라고 부르고, 이 컴파일링을 수행하는 프로그램을 컴파일러(compiler)라고 한다. 대부분의 작업이 프로그램 실행 중에 일어나면 그 변환 과정을 인터프리테이션(interpretation)이라고 부르며, 그 작업을 수행하는 프로그램을 인터프리터(interpreter)라고 한다. 하지만 둘 사이를 명확히 구분하기는 어렵다.

------
**계층 구조의 세계**

이제 드디어 컴퓨터의 작동 원리를 속속들이 요약할 수 있는 단계가 되었다. 독자 대부분이 세세한 사항들은 잊어버렸을 것이다. 그러나 전 과정을 다 기억할 필요는 없다. 기억해야 할 요점은 바로 기능적 추상화라는 계층 구조다.

컴퓨터는 프로그램이 실행되는 대로 작동하게 되는데, 그 프로그램은 프로그래밍 언어로 작성된다. 이 언어는 운영 체제라는 미리 정해 둔 서브루틴 집합의 제어에 따라 인터프리터나 컴파일러에 의해 기계어 명령열로 변환된다. 컴퓨터의 메모리 안에 저장되어 있는 그 명령들에는 데이터에 어떤 작업이 수행될지에 관한 상세한 정의가 담겨 있는데, 데이터도 명령들과 마찬가지로 메모리 안에 저장되어 있다. 유한 상태 기계가 이 명령들을 호출하여 실행시킨다. 데이터뿐만 아니라 명령도 비트 집합으로 표현된다. 유한 상태 기계와 메모리 둘 다 저장용 레지스터와 불 논리 블록으로 구성되며, 불 논리 블록은 AND, OR, 인버터와 같은 간단한 논리 함수들의 결합으로 구성되어 있다. 이 논리 함수들은 직렬이나 병렬로 구성되는 스위치들에 의해 실제로 구현된다. 이 스위치들이 제어하는 물이나 전기 같은 물리적 실체가 스위치와 스위치 사이에 1이나 0 둘 중의 한 신호를 전송하는 데 쓰인다. 이것이 바로 컴퓨터를 작동하게 만드는 기능적 추상화라는 계층 구조다.

━━

# 튜링 기계는 과연 보편적일까?

**컴퓨터가 할 수 있는 일의 한계는 어디까지일까?** 모든 컴퓨터가 다 레지스터와 불 논리로 구성되어야만 할까? 아니면 성능이 훨씬 뛰어난 다른 유형의 컴퓨터가 존재할 수 있을까? 이러한 질문은 이 책에서 가장 흥미로운 철학적 주제들과 관련이 있는데, 튜링 기계, 호환성, 카오스 시스템, 괴델의 불완전성의 정리 및 양자 컴퓨터 같은 주제들이 그것이다. 바로 이것들이 컴퓨터가 할 수 있는 일의 한계에 관한 논쟁의 중심에 서 있다.

컴퓨터가 사람의 생각과 아주 비슷해 보이는 일을 하는 것으로 보아, 컴퓨터가 인간 고유의 지위를 위협할지 모른다며 우려하는 사람들이 있다. 반면에 컴퓨터의 한계에 관한 수학적 증명을 이

끌어 내 그러한 우려를 불식시키자는 사람도 있다. 인류의 역사에
서도 이와 유사한 논쟁이 있어 왔다. 한때 지구가 우주의 중심이라
는 믿음이 보편적이던 시대가 있었다. 그리고 지구가 우주의 중심
에 위치한다는 점이 인간이 가진 위대함의 한 상징으로 간주되었
다. 인간이 중심에 위치하기는커녕 지구가 태양 주변을 도는 여러
행성 가운데 하나일 뿐이라는 사실이 발견되었을 때 많은 사람들
에게 그것은 너무나 절망스러운 소식이었다. 그 당시에는 천문학
의 철학적 의미에 대한 열띤 토론이 벌어지고는 했다. 비슷한 논쟁
이 진화론을 둘러싸고도 벌어졌는데, 이 이론 또한 인간의 고유성
에 대한 도전으로 여겨졌다. 이전에 있었던 이러한 철학적 위기의
바탕에는 인간의 가치를 어디에서 찾아야 하는지를 잘못 판단한
실수가 깔려 있다. 컴퓨터의 한계에 관한 대부분의 철학적 논의가
이와 비슷한 잘못된 판단에 바탕을 두고 있다고 나는 확신한다.

------

**튜링 기계**

컴퓨터 이론의 중심 주제는 보편 컴퓨터, 즉 세상에 존재하는
모든 종류의 계산 장치를 다 모방할 수 있을 만큼 성능이 뛰어난 컴

퓨터다. 앞에서 설명한 범용 컴퓨터들이 보편 컴퓨터의 예인데, 사실 일상적으로 다루는 대부분의 컴퓨터가 보편 컴퓨터다. 적절한 소프트웨어와 충분한 시간, 메모리만 있으면 모든 보편 컴퓨터는 다른 유형의 컴퓨터나 정보 처리 장치를 모방할 수 있다.

이러한 보편성의 원칙이 갖는 중요성은 다음과 같다. 임의의 두 컴퓨터 사이의 성능 차이는 단지 속도와 메모리 크기, 두 가지밖에 없다는 사실! 부속 출력 장치의 종류에 따라 컴퓨터가 모두 달라 보이지만, 이러한 주변 기기는 컴퓨터의 핵심 특성이 아닐 뿐더러, 크기나 가격, 케이스의 색깔도 핵심과는 거리가 멀다. 수행하는 일의 관점에서 보면, 모든 컴퓨터들은(그리고 모든 종류의 보편 계산 장치도) 근본적으로 동일하다.

보편 컴퓨터라는 아이디어는 1937년에 영국 수학자 앨런 튜링(Alan Turing)이 착안했다. 다른 많은 컴퓨터 과학의 선구자들과 마찬가지로 튜링은 생각할 수 있는 기계를 만드는 문제에 흥미를 느꼈고, 그 스스로 범용 계산 기계를 만들 종합 계획안을 마련했다. 튜링은 자신이 상상한 장치를 '보편 기계(universal machine)'라고 칭했는데, '계산 기계'를 뜻하는 '컴퓨터(computer + er)'보다 보편적인 기능을 가진 기계를 의미한다.

튜링 기계가 어떤 것인지 감을 잡기 위해 두루마리 종이 위에 계산을 하고 있는 한 수학자를 상상해 보자. 그 두루마리는 무한정 길어서 계산을 아무리 많이 해도 종이가 모자라는 법이 없다. 그렇다면 일단 그 문제가 풀 수 있는 문제라면 시간이 아무리 많이 걸려도, 계산 과정이 아무리 복잡해도 그 수학자는 문제를 풀 수 있다. 튜링이 증명한 바에 따르면, 뛰어난 수학자만 풀 수 있는 어려운 문제라도, 두루마리 위에 세세하게 적혀 있는 풀이 규칙에 따라 꼼꼼히 계산하면 별로 머리가 좋지 않은 사람도 그 문제를 풀 수 있다. 게다가 튜링은 유한 상태 기계가 그 사람을 대신할 수 있음도 증명했다. 유한 상태 기계는 두루마리 위에 적힌 기호를 한 번에 하나씩 보기 때문에, 한 줄에 1개의 기호가 적혀 있는 가느다란 테이프로 생각해도 무방하다.

오늘날에는 무한히 긴 테이프를 갖는 유한 상태 기계를 '튜링 기계'라고 부른다. 튜링 기계의 테이프는 현대 컴퓨터의 메모리와 아주 유사한 역할을 수행한다. 유한 상태 기계가 하는 일은 단순한 규칙에 따라 기호들을 테이프 위에서 읽거나 쓰고 이곳저곳으로 보내는 일이 전부다. 튜링이 증명한 바에 따르면, 계산 가능한 문제라면 튜링 기계의 테이프에 기호들을 적어서 다 풀 수 있다. 기호들은 단지 문제를 나타낼 뿐만 아니라 풀이 방법도 함께 담고 있다. 튜링 기계는 테이프 위에 답이 적힐 때까지 테이프 위를 이리저리 이동하면서 기호들을 읽고 쓰면서 계산을 수행한다.

　튜링이 생각한 개념 그대로 구성하기는 조금 어려워 보인다. 내가 보기에는 테이프 대신 메모리가 달려 있는 보통 컴퓨터가 보편 기계를 이해하는 데 더 좋은 예가 아닐까 싶다. 예를 들면 튜링 기계로 보통 컴퓨터를 모방하기보다는 그 반대가 훨씬 쉬워 보인다. 튜링이 상상으로 설계한 내용보다는 오직 한 종류의 보편 컴퓨터만이 존재한다는 그의 가정이 내게는 훨씬 더 위대해 보인다. 우리가 알고 있는 한, 튜링 기계보다 더 성능이 뛰어난 계산 장치는 이 세상에 존재하지 않는다. 좀 더 정확히 말하자면 시간과 메모리만 충분히 뒷받침된다면, 이 세상의 물질적인 계산 장치가 해 내는 모든 일은 보편 컴퓨터도 다 해 낼 수 있다. 이 말은 프로그램만 적절히 만들어 주면 인간의 뇌가 하는 일도 보편 컴퓨터가 따라서 할 수 있다는 뜻이므로, 여간 의미심장한 말이 아니다.

------

### 아날로그 컴퓨터와 디지털 컴퓨터

　튜링의 가정이 옳은지 어떻게 알 수 있을까? 지금까지 설명한 컴퓨터보다 성능이 더 뛰어난 다른 종류의 컴퓨터도 분명 존재할 수 있다. 다시 한 번 짚어볼 사항은 지금까지 설명한 컴퓨터는 이진 컴퓨터이다. 즉 모든 값을 1과 0으로 표현한다. '이다', '아니다' 그리고 '아마도'라는 세 가지 상태로 데이터를 표현하면 컴퓨터의 성능이 훨씬 더 커질 수도 있지 않을까? 그러나 그렇지 않다. 세 가지 상태로 작동하는 컴퓨터는 두 가지 상태로 작동하는 컴퓨터로 모방할 수 있기 때문에 특별히 더 낫다고 할 수 없다. 세 가지 상태 각각을, 예를 들어, '이다'는 00, '아니다'는 11, 그리고 '아마도'는 01과 같이 비트의 쌍으로 변환시켜 주면 세 가지 상태로 작동하는 컴퓨터가 해 내는 어떠한 일도 두 가지 상태로 작동하는 컴퓨터가 해 낼 수 있다. 세 가지 상태의 논리로 이루어진 모든 기능에 대해, 위의 표현법에 따라 그에 해당하는 두 가지 상태의 논리로 이루어진 기능이 존재하게 된다. 그렇지만 세 가지 상태로 작동하는 컴퓨터가 이점이 전혀 없다고 말할 수는 없다. 예를 들면 회로 배선을 짧게 구성할 수 있으므로 크기가 더 작아지고 제조 단가도 낮출 수 있다. 하지만 더 이상 어떤 새로운 일을 하지 못하리라는 것만은 확실하다. 단지 보편 컴퓨터의 한 종류에 불과하니 말이다.

네 가지 상태나 다섯 가지 상태, 혹은 임의의 유한 상태로 작동하는 컴퓨터에도 위의 논리가 그대로 적용된다. 그렇다면 아날로그 신호, 즉 무한개의 상태를 가질 수 있는 신호로 작동하는 컴퓨터는 어떻게 되는 것일까? 예를 들어 연속적으로 변화하는 전압으로 수를 나타내는 컴퓨터를 상상해 보자. 두 가지, 세 가지, 혹은 다섯 가지 메시지 대신에, 각 신호는 연속적으로 변화하는 범위에 해당하는 무한개의 메시지를 전송할 수 있다. 예를 들면 0볼트와 1볼트 사이의 전압으로 0과 1 사이의 수를 표현할 수 있을지도 모른다. 그 값에 정확히 일치하는 전압을 걸어 주기만 하면 소수점 이하 몇 자리가 되든 분수도 매우 정확하게 표현할 수 있다.

이러한 아날로그 신호로 양을 표현하는 컴퓨터도 존재하며, 초창기 컴퓨터는 이와 같은 방식으로 작동했다. 이러한 컴퓨터들을 '아날로그 컴퓨터'라고 부르며, 각 신호마다 비연속적인 개수의 메시지를 담고 있는 디지털 컴퓨터와는 구별된다. 아날로그 컴퓨터가 연속적인 양을 다룰 수 있으니 비연속적인 개수의 데이터만 다룰 수 있는 디지털 컴퓨터보다 더 뛰어나지 않느냐고 반문할 수도 있다. 그러나 조금만 더 깊이 들여다보면 장점처럼 보이는 그것이 사실은 전혀 그렇지 않음을 알게 된다. 실제 세계에서는 진정한 의미의 연속성이란 존재할 수 없기 때문이다.

아날로그 컴퓨터의 문제점은 신호가 얻을 수 있는 정확도가 떨어진다는 것이다. 전기적이든 기계적이든 화학적이든 어떠한 종류의 아날로그 신호에도 어느 정도의 불량 신호(noise)가 생길 수밖에 없다. 즉 어떤 특정한 해상도에 이르면 이 불량 신호의 영향으로 인해 결국에는 무작위적인 신호로 변해 버리고 만다. 아날로그 신호에는 미확인의 불량 신호들이 엉뚱하게 많이 끼어들기 때문에 성능에 영향을 받을 수밖에 없다. 예를 들면 전선 속의 불규칙적인 분자 운동이나 옆방에서 전등을 켤 때 발생하는 자기장으로도 전기 신호는 왜곡될 수 있다. 아주 우수한 전자 회로에서는 이 불량 신호가 본래 신호의 수백만 분의 1까지 최소화되기도 하지만 여전히 존재한다. 가능한 신호 수준이 무한개라고 하더라도 의미 있는 신호, 즉 정보를 표현할 수 있는 신호는 유한개일 수밖에 없다. 만약 신호에 불량 신호가 100만 분의 1만큼만 섞여 있어도, 신호에 약 100만 개의 서로 다른 신호가 생기기 때문에 이를 디지털 신호로 표현하려면 무려 20비트($2^{20}$ = 1,048,576)나 필요하다. 취급하는 개별 정보량을 두 배로 늘리기 위해 아날로그 컴퓨터에서는 모든 장치의 정밀도를 두 배로 늘려야 하는 반면에, 디지털 컴퓨터에서는 달랑 비트 하나만 추가하면 끝난다. 최상의 아날로그 컴퓨터가 갖는 정밀도조차 30비트의 정밀도(2개의 서로 다른 정보를 담아낼 수 있는 정밀도)에도 미치지 못한다. 디지털 컴퓨터는 보통 32비트 내지 64비트로 데이터를 표현하므로 실제로 아날로그 컴퓨터보다 상상을 초월할 정도로 많은 양의 정보를 다룰 수 있는 셈이다.

------

**컴퓨터와 카오스 시스템**

디지털 컴퓨터가 어떻게 무작위성을 나타낼 수 있을까? 컴퓨터와 같은 결정론적인 시스템이 어떻게 무작위적인 일련의 수들을 만들어 낼 수 있을까? 엄밀히 따지자면 그것은 불가능한 일이다. 왜냐하면 디지털 컴퓨터는 설계된 대로 입력만 받아들여서 작업을 수행하기 때문이다. 그렇게 본다면 룰렛 원반(눈금이 적힌 회전하는 원반 위에 공을 던져서 어느 눈금 위에 정지하는지에 돈을 거는 도박이 룰렛 게임인데, 그 게임에서의 회전 원반——옮긴이)도 마찬가지인 셈이다. 결국 공의 최종 도착 지점은 도는 원반과 공의 운동을 지배하는 물리 법칙에 따라 정해지니까 말이다. 그 기구의 설계를 확실히 파악하고 공의 궤도와 원반의 회전을 지배하는 정확한 '입력'을 알아내기만 하면 공의 도착 지점을 알 수 있다. 설사 그렇다고 해도 결과가 무작위로 보이기는 마찬가지일 것이다. 왜냐하면 쉽게 파악할 수 있는 특정한 형태를 띠지는 않을 것이며 설사 그렇다고 해도 예측하기가 너무 어려울 테니 말이다.

룰렛 원반에서의 무작위성과 같은 의미로 디지털 컴퓨터도 무작위적인 일련의 수들을 발생시킬 수 있다. 또한 수학 모델을 이용하여 물리 법칙을 시뮬레이션하여 미세한 발사 각도 변화에 따른 룰렛의 무작위적 결과를 도출해 낼 수 있다. 컴퓨터가 공을 발사하는 각도 변화가 일정한 규칙을 따른다고 해도, 룰렛 원반에 작용하는 역학으로 인해 그 미세한 차이는 예측할 수 없는 정도로 바뀌어 버린다. 그러한 일련의 수들을 유사 난수(pseudorandom number)열이라고 하는데, 그렇게 불리는 이유는 어떻게 계산되었는지 모르는 사람에게만 난수(특정한 배열 순서나 규칙을 갖지 않는, 연속적인 임의의 수——옮긴이)처럼 보이기 때문이다. 유사 난수 발생 장치가 만든 일련의 수들도 정상적인 난수 시험을 통과할 수 있음은 말할 것도 없다.

룰렛 원반은 소위 '카오스 시스템'의 한 예다. 카오스 시스템은 초기 조건(발사 속도, 공의 질량, 바퀴의 지름 등)이 아주 조금만 변해도 시스템의 출력 상태(결과적으로 나오는 수들)에 아주 큰 변화가 생길 수 있는 시스템을 말한다. 이러한 카오스 시스템의 개념을 이해하고 나면 결정론적인 상호 작용 집합이 어떻게 예측 불가능한 결과를 나타낼 수 있는지 쉽게 이해할 수 있다. 컴퓨터는 룰렛 원반 시뮬레이션보다는 훨씬 쉽게 유사 난수를 만들 수 있지만, 개념으로만 보자면 룰렛 원반 모델과 비슷하다.

물리 법칙의 지배를 받는 실제 세계가 예측 가능한 듯하면서도 사실은 예측 불가능하듯, 디지털 컴퓨터도 그렇다. 컴퓨터의 작동 방식은 결정론적인 법칙을 따르지만 이 법칙들이 만들어 내는 결과는 너무나 복잡해서 예측하기는 지극히 어렵다. 때로는 컴퓨터가 실제로 일을 수행하기 전에는 그 일이 어떻게 될지 미리 추측하는 것도 사실 불가능하다. 다른 물리적 시스템이 그러하듯 계산을 처리하는 컴퓨터도 처음부터 복잡한 시스템이었다. 초기 조건의 변동이 출력에 민감한 영향을 미치는 카오스 시스템의 특성을 갖는 것은 컴퓨터의 숙명이라고 할 수 있다.

------

### 계산 불능 문제

계산 장치로 계산할 수 있는 어떠한 일이라도 보편 컴퓨터가 계산할 수 있지만, 분명 계산 불가능한 일도 있게 마련이다. "삶의 의미란 무엇일까?"처럼 애매하게 정의된 문장이나, "내일의 로또 당첨 번호는 몇 번일까?"처럼 데이터가 부족한 질문에 대한 답을 계산하는 것은 당연히 불가능하다. 또한 정의상으로는 아무런 결함이 없는데도 풀 수 없는 계산 문제들도 존재하게 마련이다. 그 문제들을 '계산 불능' 문제라고 부른다.

실제로 계산 불능 문제는 좀처럼 만나기 어렵다는 점을 미리 말해 두어야겠다. 사람들이 답을 얻고자 하는 문제 중에서 올바르게 정의되고도 계산 불능인 문제는 거의 없다. 드문 경우지만 올바르게 정의되고 유익한 점도 있는 계산 불능 문제의 한 예로는 '정지 문제(halting problem)'를 들 수 있다. 다른 프로그램을 조사하여 그 프로그램이 정지할 것인지의 여부를 판단하는 어떤 프로그램을 작성한다고 가정해 보자. 조사를 받는 프로그램 안에 무한 루프

4장 튜링 기계는 과연 보편적일까?

나 재귀적인 서브루틴 호출이 없다면 언젠가는 멈추겠지만, 만약 그러한 것들이 있다면 그 프로그램은 영원히 돈다. 그런데 어떤 프로그램이 치명적인 무한 루프에 걸려 있는지를 검사해서 판별할 수 있는 알고리듬은 존재할 수 없다는 사실이 증명되었다. 지금껏 그러한 알고리듬을 발견하지 못한 것이 아니라, 그러한 알고리듬은 애당초 불가능하다. 정지 문제는 계산 불능이다!

그 이유를 알아보기 위해 '정지 검사'라고 불리는 어떤 프로그램을 가정해 보자. 이 프로그램은 입력으로 검사받을 프로그램 자체를 받아들인다(프로그램을 하나의 데이터로 취급한다는 점이 조금 이상하게 생각될지 모르겠지만, 프로그램도 다른 어떤 것과 마찬가지로 비트로 표현될 수 있으므로 불가능한 일이 아니다.). '패러독스'라는 이름의 프로그램의 한 서브루틴이 '정지 검사'를 실행한다고 해 보자. '정지 검사'가 어떻게 판단하든 그 반대로 하도록 패러독스 프로그램을 작성했다고 가정해 보자. 최종적으로 '정지 검사'가 정지라고 판단하면 패러독스 프로그램은 무한 루프에 빠져 버린다. 반면 '정지 검사'가 영원히 계속 실행이라고 판단하면 패러독스 프로그램은 멈추어 버린다. 패러독스와 정지 검사가 서로 모순되므로 정지 검사는 패러독스에서 제대로 작동하지 않는다. 따라서 정지 검사는 다른 어떤 프로그램에서도 작동하지 않는다(패러독스를 어떤 임의의 프로그램으로 가정했기 때문에 모든 프로그램에도 작동하지 않게 된다.—옮긴이). 따라서 정지 문제를 계산하는 컴퓨터 프로그램은 존재할 수 없다.

위에 나온 정지 문제는 앨런 튜링이 생각해 낸 것인데, 계산 불능 문제의 중요한 예에 해당한다. 실제로 마주치게 되는 대부분의 계산 불능 문제는 위의 문제와 똑같거나 비슷한 문제다. 하지만 정지 문제를 해결하지 못한다고 해서 컴퓨터를 탓할 일은 아니다. 왜냐하면 정지 문제는 그 자체로 해결 불가능이기 때문이다. 어떤 계산 기계를 만들어도 정지 문제는 해결할 수 없다. 그리고 보편 컴퓨터가 할 수 없는 계산을 해 낼 수 있는 다른 계산 기계는 존재하지 않는다. 디지털 컴퓨터로 풀 수 있는 문제들은 모두 다른 종류의 계산 장치로도 풀 수 있는 문제의 유형에 포함된다(이 마지막 문장은 종종 튜링과 동시대에 살았던 알론조 처치(Alonzo Church)의 이름을 따서 처치 명제라고 불리기도 한다.). 수학자들은 수세기 동안 계산과 논리에 대해 생각해 왔다. 과학사의 대사건 중에는 놀랍게도 동시에 발생한 사례가 여럿 있다. 그중 하나가 튜링, 처치 그리고 영국 수학자 에밀 포스트(Emil Post)가 거의 동시에, 그리고 각자 따로 보편 컴퓨터라는 아이디어를 생각해 냈다는 것이다. 설명은 각자 다른 방식으로 했지만, 세 사람 모두 1937년에 자신의 연구 결과를 출간했는데, 이것이 바로 뒤이어 다가올 컴퓨터 혁명 시대의 발판이 되었다.

　정지 문제와 밀접한 관계가 있는 또 하나의 계산 불능 문제는 어떤 수학 명제의 참과 거짓을 판단할 수 있느냐에 관한 문제다. 괴델의 불완전성의 정리에 따라 이 문제를 풀 알고리듬도 역시 존재하지 않는다. 괴델의 정리는 튜링이 정지 문제를 설명하기 직전인 1931년에 쿠르트 괴델(Kurt Gödel. 1906~1974년, 오스트리아 출신의 수학자이자 논리학자)이 발표했다. 그 당시만 해도 어떠한 수학 명제든 참과 거짓을 판별할 수 있다고 일반적으로 믿고 있었기에, 많은 수학자들에게 괴델의 정리는 충격 그 자체였다. 괴델의 정리는 다음과 같다. "산술의 기본 공리를 포함하는 임의의 모순 없는 이론 체계에서, 참이지만 증명이 불가능한 명제가 항상 존재한다." 자신들의 임무가 명제의 참과 거짓을 증명하는 일이라고 줄곧 여겨왔던 수학자들은 괴델의 정리가 등장함으로써 그 임무가 본질적으로 불가능할 수도 있음을 인정해야만 했다.

　게다가 몇몇 수학자들과 철학자들이 괴델의 불완전성 정리에 신비주의에 가까운 속성을 부여하고 말았다. 괴델의 정리가 인간의 직관력이 컴퓨터의 능력보다는 훨씬 뛰어나다는 것을 증명하는 것이라고 믿는 사람들이 나타났다. 즉 기계가 참과 거짓을 증명할 수 없는 진리도 인간은 직관적으로 판단할 수 있다는 주장을 믿게 되었다. 이러한 주장은 심정적으로 그럴듯하게 들리기 때문에 인간을 컴퓨터에 비유하기 싫어하는 사람들은 종종 이 주장에 사로잡히기도 한다. 하지만 그것은 터무니없는 소리다. 컴퓨터가 갖지 못한 뛰어난 직관력을 인간이 발휘하든 못 하든, 괴델의 정리를 아무리 검토해 봐도 컴퓨터가 증명할 수 없는 명제를 인간은 증명할 수 있다고 믿을 만한 근거는 찾을 수가 없다. 지금까지 알려진 한, 인간이 증명할 수 있는 정리는 컴퓨터도 증명할 수 있다. 또한 컴퓨터가 계산하지 못하는 문제는 인간도 계산할 수 없다.

계산 불능 문제를 구체적으로 보여 달라고 하면 딱히 구체적으로 예를 들기는 어렵지만, 수학적으로 가능한 수학 함수를 컴퓨터로 계산할 수 없는 예는 아주 많다. 프로그램은 유한개의 비트로 작성되는 데 반해 어떤 함수를 푸는 데에는 거의 무한개의 비트가 필요한 경우가 많기 때문에, 프로그램할 수 없는 함수가 훨씬 많은 것은 당연하다. 코사인이나 로그처럼 어떤 수를 다른 수로 변환시키는 수학 함수를 고려해 보자. 수학자들은 이러한 종류의 특이한 함수를 모두 정의할 수 있다. 십진수들을 각 자릿수의 수들의 합으로 변환시키는 함수가 그러한 예에 속한다(2006 = $2 \times 10^3 + 0 \times 10^2 + 0 \times 10^1 + 6 \times 10^0$ 같은 게 그 예이다.—옮긴이). 내가 보기에는 아무 쓸모 없는 일처럼 보이지만, 수학자에게는 모든 수를 그에 해당하는 다른 수로 변환하는 일이 꽤나 구미가 당기는 일인 모양이다. 무한 함수의 개수가 프로그램의 수보다 거의 무한이라고 할 정도로 많음을 수학적으로 증명할 수도 있다. 따라서 대부분의 수학 함수에 대해서 그것을 계산해 줄 프로그램은 없는 셈이다. 실제 계산에는 이런저런 온갖 어려움이 따르지만(무한한 수를 헤아리거나 여러 단계의 무한의 정도를 구별하기 등), 통계적으로 말해서 대부분의 수학 함수가 계산 불가능하다는 결론에는 변함이 없다. 하지만 이러한 함수의 대부분은 아무런 쓸모가 없고, 계산할 필요가 있는 함수들은 모두 계산 가능하니 참으로 다행이 아닐 수 없다.

------
## 양자 컴퓨터

앞에서 말했듯이 컴퓨터가 만들어 낸 발생한 유사 난수열은 무작위해 보이지만, 나름의 발생 알고리듬이 있다. 어떤 숫자열이 발생되는 방식을 알고 나면, 그것은 필연적으로 예측 가능해지고 무작위성과는 거리가 멀어진다. 본질적으로 예측 불가능한 무작위의 수들이 필요하다면 보편 기계에 무작위성을 발생시키는 비결정론적인 장치를 덧붙여 주어야 한다.

　　그러한 무작위 발생 장치의 한 예로 전자 룰렛 원반을 예로 드는 사람도 있는데, 앞에서 보았듯이 그러한 장치는 물리 법칙으로 인해 진정한 무작위성을 구현할 수 없다. 진정한 무작위 효과를 얻을 수 있는 유일한 길은 양자 역학에 의존하는 것이다. 룰렛 원반처럼 인과 관계의 지배를 받는 고전 물리학과는 달리, 양자 역학에 따르면 결과는 순전히 확률적이다. 예를 들면 우라늄 원자핵이 언제 납으로 바뀔지를 예측할 방법은 없다. 그러므로 보편 컴퓨터로도 만들기가 원리적으로 아예 불가능한 '완전히 무작위적인' 데이터열을 발생시키고자 한다면, 가이거 계수기(방사능의 세기를 측정하는 장치—옮긴이)를 이용해야 할 것이다.

　　양자 역학이 등장하자, 이제껏 누구도 해답을 제시한 적이 없는 보편 컴퓨터와 관련된 수많은 질문들이 제기되었다. 언뜻 보기에는 양자 역학이 디지털 컴퓨터와 궁합이 딱 맞는 듯하다. 왜냐하면 '양자(quantum)'라는 단어가 본질적으로 '디지털(digital)'이라는 단어와 똑같은 개념이기 때문이다. 디지털 현상과 마찬가지로 양자 현상도 오직 불연속적인 상태로만 존재한다. 양자 역학의 관점에서 보면 전류처럼 겉으로 보기에 연속적이고 아날로그적인 물질 세계의 속성은, 원자 수준이 아니라 거시적인 수준에서 보기 때문에 잘못 보이는 일종의 착각에 지나지 않는다. 원자 수준에서 보면 삼라만상이 전부 불연속적이다. 디지털은 양자 역학이 전해 주는 복음이다. 특정 개수의 전자가 모여서 전하를 띠게 되므로, 전자 2분의 1개의 전하와 같은 개념은 아예 성립되지 않는다. 하지만 이런 원자 단계에서 사물들의 상호 작용을 지배하는 법칙이 도무지 비상식적이라는 점이 또한 양자 역학이 전해 주는 불행한 소식이기도 하다.

예를 들어 우리의 상식에 따르면 한 물체가 동시에 두 곳에 존재할 수 없다. 그러나 양자 역학의 세계에서는 이 진리가 엄밀히 말해 더 이상 진리일 수 없다. 왜냐하면 양자 역학에 따르면 어떤 물체라도 어떤 딱 정해진 위치에 존재한다는 것 자체가 불가능하니까! 1개의 소립자는 동시에 모든 곳에 존재할 수 있는데, 다만 우리가 관찰하기에 다른 장소보다 특정한 한 장소에 그 입자가 존재할 가능성이 훨씬 더 클 뿐이다. 대부분의 경우에 우리가 관찰한 그 지점에 물체가 존재한다고 해도 무방하지만, 그 입자들이 나타내는 모든 특성들을 이해하려면 동시에 여러 곳에 존재함을 인정할 수밖에 없다. 많은 물리학자들뿐만 아니라 거의 모든 사람에게 이것은 도무지 납득하기 어려운 개념이다.

양자 역학을 이용하여 훨씬 더 성능이 뛰어난 컴퓨터를 만들 수는 없을까? 아직까지는 이 문제에 대한 답이 나오지 않았다. 그러나 그러한 일이 가능하다는 주장은 나오고 있다. 예를 들어 원자들이 어떻게 결합되는지와 같은 문제들은 기존 컴퓨터로는 계산하기가 아주 어렵지만, 원자를 이용하면 쉽게 풀 수 있을 듯하다. 또 수소 원자 2개와 산소 원자 1개가 결합하여 1개의 물 분자를 생성할 때, 이 원자들은 어떤 식으로든 결합각이 107도가 되도록 '계산'을 수행한다고 할 수 있다. 그렇다면 디지털 컴퓨터를 이용하여 양자 역학 법칙에 따라 이 각도를 근사적으로나마 계산할 수 있지 않을까? 시간이 많이 걸릴 테고 정확도가 높으면 높을수록 그에 따라 시간이 더 걸릴 우려는 있지만 말이다.

그러나 한 잔의 물에 들어 있는 모든 물 분자들은 순식간에 이 계산을 해 낸다. 어떻게 1개의 분자가 디지털 컴퓨터보다 계산 능력이 그토록 빠를 수 있을까?

이러한 양자 역학적 문제를 컴퓨터로 계산하는 데 그토록 많은 시간이 걸리는 이유는 정확한 답을 얻기 위해 물 분자를 구성하는 무한개에 가까운 요인들을 모두 다 고려해야 하기 때문이다. 또한 물 분자를 구성하는 원자들의 모든 상태를 한꺼번에 고려해야하는 점도 무시할 수 없다. 그러다 보니 유한한 시간 안에 답을 내려면 근사적인 답밖에 낼 수 없다. 물 분자가 어떻게 이 계산을 하는지를 설명하기 위해, 모든 가능한 상황을 동시에 계산한다고, 즉 병렬 처리한다고 상상해 보자. 양자 역학의 이러한 동시 계산 능력을 이용하여 훨씬 더 성능이 뛰어난 컴퓨터를 만들 수는 없을까? 아직까지는 이에 대해 확실히 알고 있는 사람은 없다.

　최근 들어 '양자 얽힘(entanglement, 양자 세계에서 두 입자가 거리에 상관없이 결합되어 서로의 상태에 영향을 미치는 현상—옮긴이)'으로 알려진 현상을 이용하여 양자 컴퓨터를 만들 수 있을지 모른다는 묘한 힌트가 제기되었다. 양자 역학 체계 안에서 두 입자가 상호 작용할 때 이 입자들의 운명은 우리가 보는 거시 세계에서와는 판이하게 다른 방식으로 연관되어 있다. 두 입자가 서로 물리적으로 떨어져 있는데도, 한 입자를 관찰하면 관찰했다는 그 사실 자체가 다른 입자를 관찰하는 데 영향을 미친다. 시간 지연 없이 발생하는 이 현상을 가리켜 아인슈타인은 "떨어져서 발생하는 도깨비 현상"이라고 불렀다. 이 세계가 그렇게 작동한다는 사실을 아인슈타인이 짐짓 못마땅하게 여긴 것은 널리 알려진 이야기다.

양자 컴퓨터는 양자 얽힘을 이용할 수 있다. 1비트의 양자 역학적 메모리 레지스터는 1이나 0 가운데 하나만 저장하지 않고 1과 0의 중첩값을 저장할 수 있을지도 모른다. 여러 장소에 동시에 존재할 수 있는 원자나 동시에 여러 상태(1 또는 0)를 가지는 비트가 이러한 중첩에 해당한다. 이것은 1과 0 사이의 중간 상태와는 다르다. 왜냐하면 복수의 1과 0의 중첩값들은 각각 양자 컴퓨터 안에서 다른 비트들과 얽힐 수 있기 때문이다. 그러한 2개의 양자 비트들이 양자 논리 블록 안에서 결합될 때, 중첩된 상태 각각이 서로 다른 방식으로 상호 작용하여 훨씬 더 풍부한 얽힘을 내놓을 수 있다. 단 1개의 양자 논리 블록이 수행할 수 있는 계산량은 매우 크며 어쩌면 거의 무한할 수도 있다.

양자 컴퓨터에 관한 이론은 잘 확립되어 있지만, 실제로 만들기에는 여전히 어려운 문제들이 산적해 있다. 우선 어떻게 하면 위에 설명한 계산법을 이용하여 유익한 계산을 할 수 있을까 하는 문제다. 물리학자 피터 쇼어(Peter Shor)는 최근에 이 양자 역학적 현상들을 최소한 원리적인 차원에서나마 이용하여, 아주 큰 수를 계승(예를 들면 3! = 3×2×1, 4! = 4×3×2×1 이와 같은 계산)하는 것과 같은 어렵지만 중요한 계산을 하는 방법을 알아냈다. 이로 인해 양자 컴퓨터에 대한 관심이 다시 일어나게 되었다. 하지만 넘어야 할 고비는 여전히 많이 남아 있다. 한 가지 문제점은 계산이 제대로 작동하려면 양자 컴퓨터 내의 비트들이 얽힌 상태로 있어야 하는데, 지나가는 우주선(cosmic ray)이나 진공관 자체의 내적인 결함 같은 극히 작은 방해로도 양자 얽힘이 파괴될 수 있다는 것이다(하기는 양자 역학에서는 진공이라는 개념 자체도 미심쩍기 그지없다.). 결어긋남(decoherence)이라고 불리는 양자 얽힘의 붕괴가 양자 컴퓨터의 아킬레스건이 될지도 모른다. 게다가 쇼어의 방법은 일반 푸리에 변환이라는 빠른 연산을 이용하는 특별한 유형의 계산에만 적용되는 듯하다. 이 범주에 드는 문제들은 나중에 기존 컴퓨터로도 쉽게 풀 수 있을지도 모른다. 그렇게 된다면 쇼어의 양자 역학적 아이디어도 재래식 컴퓨터의 프로그램이나 매한가지가 될 소지가 있다.

만약 양자 컴퓨터가 무한한 경우의 수를 동시에 검색할 수 있다면, 질적으로나 근본적인 면에서나 재래식 계산 기계에 비해 막강한 컴퓨터가 될 수 있다. 양자 역학을 응용해 결국 튜링 기계보다 더 성능이 뛰어난 종류의 컴퓨터를 만드는 데 성공한다면 대부분의 과학자들이 깜짝 놀랄 것이다. 그렇지만 과학은 원래 놀라움의 연속을 통해서 발전하는 법이 아닌가. 놀라울 정도로 새로운 종류의 컴퓨터를 희망한다면 양자 컴퓨터야말로 눈여겨보아야 할 첫 번째 대상이다.

이 시점에서 다시 이 장의 서두에서 건드렸던 철학적 주제, 즉 컴퓨터와 인간의 뇌라는 주제를 재검토해야겠다. 적어도 한 명의 저명한 물리학자가 심사숙고했던 것처럼 인간의 뇌는 양자 역학 현상을 이용해 작동하고 있는지도 모른다. 하지만 아직까지는 그것을 입증할 길이 없다. 신경 세포를 지배하는 물리 법칙이 트랜지스터가 그러한 것처럼 양자 역학에 바탕을 두고 있음은 확실하지만, 고전적 차원이 아닌 양자 역학적 차원에서 신경 세포의 활동이 일어나고 있다는 증거는 아직 발견되지 않았다. 다시 말하면 인간의 사고 과정을 해명하는 데 양자 역학이 필요하다는 증거는 아직 존재하지 않는다는 말이다. 지금까지 알려진 수준에서는 신경 세포가 갖는 계산 특성들은 전부 재래식 컴퓨터로 시뮬레이션할 수 있다. 정말 그것이 참이라면 수백억 개의 신경 네트워크를 시뮬레이션할 수 있다. 결국 인간의 뇌를 보편 컴퓨터에서 시뮬레이션할 수 있다는 뜻이 된다. 양자 컴퓨터를 사용할 수 있다고 판명되면 그 효과를 이용하는 장치를 만드는 방법도 배워야 할 것이다. 그렇게 되면 인간의 뇌를 기계로 시뮬레이션하는 일이 가능해질지 모른다.

컴퓨터에 관한 이론의 한계를 가지고 인간과 기계를 분리하는 구분선을 그을 수는 없다. 지금까지 알려진 바에 따르면 인간의 뇌는 컴퓨터와 같으며 사고는 단지 복잡한 계산일 뿐이다. 이런 결론이 어쩌면 좀 지나치게 들릴지도 모르겠지만, 내 관점에서 보자면 그렇다고 해서 인간 사고의 경이로움이나 가치가 손상될 일은 전혀 없다. 사고가 복잡한 계산이라는 주장은 생명은 복잡한 화학 반응이라는 생물학자들의 말과 비슷하다. 두 주장은 모두 옳다. 다만 아직까지는 불완전할 뿐이다. 두 주장은 적절한 내용을 담고 있지만, 신비스러움은 외면하고 있다. 단순하고 이해 가능한 부분들이 모여서 생명과 사고가 형성된다는 사실이 내게는 매우 위대해 보인다. 내가 튜링 기계와 친족이라고 해서 의기소침해질 까닭은 전혀 없다!

<u>MIT 대학원생이었을 때,</u> 나는 양말을 수십 켤레나 갖고 있는 룸메이트와 한 방을 쓴 적이 있었다. 양말들은 색깔과 모양이 약간씩 달랐다. 새 양말이 완전히 바닥나고 나서야 한꺼번에 빨래를 하고는 했기 때문에, 마른 양말 더미를 쌓아놓고 짝을 맞추느라 꽤 애를 먹었다. 그가 양말의 짝을 맞추는 방법은 이랬다. 맨 먼저 양말 더미에서 아무 양말이나 하나 꺼낸다. 그러고 나서 양말 더미에서 아무 양말이나 다시 하나 꺼내서 서로 짝이 맞는지 살펴본다. 맞지 않으면 두 번째로 꺼낸 양말을 다시 양말 더미에 던지고, 다시 양말 더미에서 아무 양말이나 하나 새로 꺼낸다. 짝을 한 켤레 맞출 때까지 계속 이렇게 한 다음 두 번째 켤레의 짝을 맞추기 위해 계속

위의 과정을 반복한다. 양말이 아주 많기 때문에 짝 맞추기는 아주 느리게 진행된다. 특히 처음 시작 부분에는 짝을 맞추기 위해 검사해야 할 양말의 수가 아주 많기 때문에 더 느리게 진행된다.

그 친구는 수학 석사 학위를 밟고 있었으니, 분명 컴퓨터에 관한 수업을 몇 과목 듣고 있었을 것이다. 어느 날 세탁 바구니를 방에 안고 와서는 대뜸 "양말 짝을 맞추는 근사한 알고리듬을 써 볼 작정이야."라고 말했다. 아주 근본적으로 색다른 짝 맞추기 절차를 이용해 볼 작정인 듯했다. 첫 번째 양말을 꺼내 책상 위에 올려놓더니 그 다음 양말을 꺼내서 첫 번째와 짝이 맞나 비교했다. 맞지 않으면 첫 번째 양말 옆에 그것을 놓았다. 새로 꺼내는 양말을 책상 위에 이미 일렬로 늘어서 있는 양말들과 비교해서 짝이 맞으면 묶어서 서랍에 넣었다. 짝이 안 맞으면 이미 놓여 있는 양말들 옆에 놓았다. 이 방법을 써 보니 이전보다 훨씬 빨리 짝을 맞출 수 있었다. 아들을 대학 공부시키느라 큰 돈을 들이고 있는 그 친구의 부모는 자기 아들이 대학에서 배운 지식을 그처럼 유용하게 쓰는 줄 알았더라면 무척이나 자랑스러워했을지 모른다.

------

**최적의 알고리듬 찾기**

양말 짝 맞추기뿐만 아니라 알고리듬은 특정 목표를 실패 없이 달성할 수 있는 보장된 절차다. 셈법이라는 뜻도 가진 '알고리듬'이라는 말은 아랍 수학자 알콰리즈미(al-Khwarizmi, 780?~850?년)의 이름에서 따왔는데, 그는 9세기에 광범위한 셈법 모음집을 썼다. 'Algebra(대수)'라는 단어도 사실은 그가 저술한 책의 제목에 나오는 'al jabr(치환)'라는 단어에서 나왔다. 알콰리즈미의 셈법들은 요즘도 많이 쓰인다. 그가 쓴 언어는 당연히 아랍 어였고 따라서 아랍 어는 마술의 언어라는 평판을 얻게 되었다. 심지어 '아브라카다브라(abracadabra)'라는 주문이 알콰리즈미의 실제 이름인 아부 압둘라 아부 자파르 무하마드 이븐무사 알콰리즈미가 와전되어서 생긴 것이라는 주장이 제기된 적도 있다.(아브라카다브라(abracadabra)는 서양에서 오랫동안 마법의 힘이 있는 주문으로 알려져 있다. ABRACADABRA라는 글자가 끝에서부터 하나씩 줄어 마지막에는 A만 남는 뒤집힌 피라미드 모양의 부적을 목에 지니고 다니면, 병든 사람이 낫는다는 속설이 있다.——옮긴이)

컴퓨터 알고리듬은 보통 프로그램으로 표현된다. 알고리듬이라는 용어가 순서대로 기술된 어떤 특별한 해결 방법을 말하기보다는 일련의 연산들을 일컫기에 동일한 알고리듬을 여러 개의 다른 컴퓨터 언어로 표현할 수 있고, 또는 레지스터와 논리 게이트들을 적절히 연결하여 하드웨어에 구현할 수도 있다.

알고리듬이 조금씩 달라도 내놓은 결과는 동일할 수 있다. 양말 짝 맞추기 예에서처럼 알고리듬에 따라 주어진 임무를 마치는 데 걸리는 시간이 달라진다. 따라서 어떤 알고리듬은 사용자에게 이익을 주고 어떤 알고리듬은 손해를 끼친다. 가령 컴퓨터의 메모리가 적게 들거나 아주 단순한 형태의 커뮤니케이션만 필요해서 단순한 하드웨어로 구현할 수 있는 경우가 그러한 예에 해당한다. 속도와 메모리 요구량의 차이는 알고리듬의 좋고 나쁨을 판단하는 수천 혹은 수백만 개의 기준 가운데 하나일 뿐이다. 어떨 때에는 새롭게 발견된 알고리듬 덕분에 이전에는 도저히 풀 수 없었던 문제가 단번에 풀리기도 한다.

알고리듬이 다양한 방식으로 구현될 수 있고 또 다양한 규모의 문제들에 두루 적용될 수 있기 때문에, 특정한 한 문제에 대한 답을 도출하는 데 걸린 시간만을 측정해서 그 알고리듬이 얼마나 빠른지를 판단해서는 안 된다. 소요 시간은 구현 방법이나 문제의 크기에 따라 달라지니까 말이다. 대신에 알고리듬의 속도는 문제의 크기가 커짐에 따라 소요 시간이 얼마나 늘어나느냐로 정해진다. 양말 짝 맞추기를 예로 들어 보면 소요 시간은 대부분 바구니에서 양말을 꺼내는 데 든다. 따라서 두 가지 양말 알고리듬을 비교하려면, 바구니에서 꺼낸 양말의 개수를 남아 있는 전체 양말의 개수와 비교하는 방식을 각각의 알고리듬에서 살펴보면 된다. 세탁 바구니에 $n$개의 양말이 들어 있다고 가정해 보자. 첫 번째 알고리듬에서는 짝이 맞는 두 양말을 찾으려면 남아 있는 전체 양말 개수의 평균 2분의 1을 빼내고 다시 집어넣어야 하므로, 꺼내는 양말의 수는 전체 양말 개수의 제곱에 비례한다. 알고리듬을 분석할 때 굳이 비례 상수를 정확하게 계산하지는 않는다. 대신 단순히 어떤 알고리듬이 $n^2$차라고 하면, 큰 규모의 문제에 대해 소요 시간이 문제 크기의 제곱에 비례해서 늘어난다는 뜻이다. 즉 양말 개수가 10배 늘어나면 첫 번째 알고리듬을 쓸 경우 소요 시간이 100배 더 길어진다는 뜻이다. 따라서 첫 번째 알고리듬은 양말 짝을 찾는 데 유용한 알고리듬이라고 하기 어렵다. 하지만 두 번째 알고리듬에서는 $n$개의 양말 각각을 단 한 번 꺼내기 때문에, 알고리듬의 차수는 $n$이다. 두 번째 알고리듬을 사용하면 양말 개수가 10배 늘어나도 소요 시간은 단지 10배 더 길어질 뿐이다.

컴퓨터 프로그래밍을 하다가 새롭고 빠르고 더 효율적인 알고리듬을 발견하는 것은 매우 기쁜 일이다. 더구나 수많은 권위 있는 프로그래머들조차 마땅한 해결책을 내놓지 못한 문제에 관한 알고리듬일 경우에 특히 그 기쁨이 더하다. 컴퓨터 과학자들은 평범한 문제를 이전보다 훨씬 더 빠르게 처리하는 알고리듬을 발견함으로써 (최소한 컴퓨터 과학자들 사이에서는) 명성과 존경을 얻을 수 있다. 좋은 알고리듬으로 몇 분 만에 풀 수 있는 문제가 나쁜 알고리듬으로 풀면 푸는 데 몇 주가 걸리기도 하기 때문에, 동료들이 여전히 뒤떨어진 프로그램을 돌리고 있는 동안에 새로운 프로그램을 만들어 더 빠르게 정확한 답을 얻으려는 사람들도 나타나게 마련이다.

최상의 알고리듬인지를 명확히 판정하기는 어렵다. 순서대로 번호가 매겨진 한 벌의 카드를 오름순으로 정렬하는 문제를 생각해 보자. 한 가지 방법으로 카드를 모두 살펴서 가장 낮은 수가 적힌 카드를 찾는다. 그러면 이 카드는 검색 카드에서 제외되고 첫 번째로 정렬된 카드가 된다. 그 다음에 남은 카드 가운데 가장 낮은 수의 카드를 찾는다. 이 카드도 마찬가지 방법으로 검색 카드에

서 제외되어 정렬된 첫 번째 카드 위에 놓인다. 카드가 모두 정렬
될 때까지 이 과정을 반복하면 카드는 모두 오름순으로 정렬된다.
이 절차는 매번 카드를 빼낼 때마다 남아 있는 카드를 모두 검사해
야 한다. $n$개의 카드가 있고 그 카드 각각에 대해 $n$번의 비교가 필
요하니 알고리듬 소요 시간의 차수는 $n^2$이다.

카드에 1부터 $n$까지 순서대로 번호가 매겨져 있음을 알고 있
다면 다른 방법으로 정렬할 수도 있다. 그 한 가지가 3장에서 소개
한 나무를 그리는 로고 프로그램처럼 재귀적 정의를 사용하는 방
법이다. 한 벌의 카드를 재귀적인 방법으로 정렬하려면, 수의 평
균값보다 낮은 수들은 전부 아래에 두고 높은 수들은 전부 위에 둔
다. 그리고 이 아래위에 놓인 카드에도 똑같은 알고리듬을 적용한
다. 매 단계마다 카드의 절반씩 정렬된다. 이 과정은 카드가 단 한
장만 남을 때까지 진행된다. 한 장만 남으면 그 자체로 정렬된 셈
이다. 단 한 장의 카드만 남을 때까지 카드들을 반복적으로 나누기
때문에 이 알고리듬의 소요 시간은 $n$개의 카드가 나누어지는 횟
수, 즉 진수는 카드 개수 $n$이고 밑이 2인 로그에 비례한다(로그가 무
엇인지 잘 기억나지 않는다면 굳이 신경 쓰지 않아도 된다. 로그는 작은 수여서 무시
해도 된다.).

순서대로 번호가 적혀 있는 카드가 아닌 경우에도 적용할 수 있는 훨씬 더 멋진 알고리듬이 있다. 이 알고리듬은 예를 들자면 상당히 많은 개수의 명함을 abc순이나 가나다순으로 정렬하는 데 유용하게 쓰일 수 있다. 병합 정렬(merge sort)이라고 불리는 이 알고리듬은 이해하기가 꽤 어렵지만 너무 아름다운지라 설명하지 않고 그냥 넘어갈 수가 없다. 병합 정렬 알고리듬은 이미 정렬된 두 스택을 하나의 스택으로 병합하기는 꽤 쉽다는 사실에 기반을 두고 있는데, 그렇게 하기 위해서는 한 스택 또는 다른 스택에서 제일 높은(가나다순에서 제일 뒤에 있는) 명함 순으로 연속적으로 계속 빼내 쌓으면 된다(자세한 과정을 알고 싶은 독자는 아래 웹 사이트를 참고하라. http://network.hanbitbook.co.kr/view.php?bi_id=1049 — 옮긴이). 이 병합 과정은 알고리듬의 서브루틴이며, 그 알고리듬은 다음과 같이 작동한다. 만약 스택에 단 한 장의 카드만 있으면, 그 카드는 이미 정렬된 셈이다. 그렇지 않으면 스택을 반으로 나누고, 반으로 나누어진 그 스택 각각을 정렬한 후 위에서 설명한 병합 방법을 이용하여 합쳐 나가는 병합 정렬 알고리듬을 재귀적으로 사용한다. 이것이 전부다(지나치게 단순한 방법이라 잘 믿기지 않는다면 몇 장의 카드로 직접 이 방법을 시험해 보아도 좋다. 8장의 카드로 시작해 보길 바란다.). 병합 정렬 알고리듬은 재귀적 절차가 갖는 신비한 능력과 우아함을 보여 주는 아주 좋은 예다.

병합 정렬 알고리듬처럼 $n \log n$ 단계를 필요로 하는 정렬 알고리듬은 아주 빠르다. 사실 최고로 빠른 알고리듬에 해당한다. 이것을 증명하는 것은 이 책의 범위를 넘는 일이지만 증명의 바탕을 이루는 논리 그 자체는 꽤나 흥미롭다. $n$개의 카드에 순서를 매기는 경우의 수들을 세어 보면 그 논리가 밝혀진다. 이 경우의 수를 가지고 계산해 보면, 카드를 올바른 순서로 정렬하기 위해서는 $n \log n$비트의 정보가 필요함을 알 수 있다. 두 카드를 비교할 때마다 1비트의 정보(첫째 카드가 둘째 카드보다 큰지 아닌지의 두 가지 상태)가 생기기 때문에, $n$개의 카드를 정렬하려면 최소한 $n \log n$번의 비교가 필요하므로, 이 경우에 병합 정렬 알고리듬은 다른 알고리듬에 비해 손색이 없는 좋은 알고리듬이다. 적절한 정렬 알고리듬을 선택하는 방법에 관한 내용은 수백 권의 책으로도 다 담아내지 못한다. 많은 경우 특정한 제한이 가해진다든가 정렬되는 대상에 관해 특별한 지식이 요구될 때에는 가장 빠른 알고리듬이 무엇인지 알 길이 없다. 하지만 특별한 문제가 아닌 보통의 경우에는 정렬 알고리듬 설계는 비교적 쉬운 편이다.

어려운 정렬 문제 가운데에는 '순회 판매원(traveling salesman)' 문제가 있다. 어느 순회 판매원이 $n$개의 도시를 돌아다닌다고 상상해 보자. 각 도시 사이의 거리가 알려져 있을 때, 돌아다닌 총거리를 최소로 하기 위해서 순회 판매원은 각 도시를 어떤 순서로 방문해야 할까? 이 문제를 해결해 줄 알고리듬의 차수가 $n^2$인지 또는 $n$의 몇 제곱일지 정확히 알고 있는 사람은 아무도 없다. 지금까지 나온 최상의 알고리듬의 차수가 $2^n$이다. 여기에 따르면 소요 시간이 문제의 크기가 커짐에 따라 지수적으로 증가한다. 순회 판매원이 돌아다닐 도시가 10배 더 늘어나면 문제는 1,000배나 더 어려워진다($2^{10} = 1,024$). 도시가 30배 늘어나면 문제는 10억 배나 어려워진다($2^{30}$은 약 $10^9$). 문제가 크면 지수적인 알고리듬을 잘 사용하지 않지만 순회 판매원 문제에 대해서는 위의 알고리듬이 최상으로 알려져 있다. 세상에서 가장 빠른 컴퓨터를 수십억 년간 사용해도 단지 도시가 몇천 개인 경우에 대한 최상의 해답을 찾기에도 시간이 넉넉하지 않다.

순회 판매원 문제는 언뜻 보기에는 별로 중요하지 않은 듯하지만, 소위 N-P 완전 문제(N-P는 비결정론적 다항식을 뜻하는 Nondeterministic polynomial의 첫글자)라는 많은 다른 문제들을 푸는 데 매우 유용한 문제다. 만약 순회 판매원 문제를 해결할 빠른 해법이 나온다면 다른 부가적인 문제들에 대한 해답도 즉각 나오리라고 본다. 예를 들면 비밀 정보를 보호하고 있는 특정한 암호들을 해독하는 일이 쉬워질지도 모른다. 이런 암호를 쓰고 있는 사용자들은 순회 판매원 문제를 신속히 해결할 어떤 알고리듬도 발견되지 않으리라고 장담하고 있다. 아직까지는 그 장담이 들어맞고 있다.

미래에 컴퓨터 기술이 크게 발달해도 순회 판매원 문제를 해결하는 데 별반 도움이 되지는 않을 것이다. 왜냐하면 컴퓨터가 10억 배나 빨라져도 도시만 몇 개 더 추가하면 말짱 도루묵이 되기 때문이다. 지수적 알고리듬은 크기가 큰 문제를 풀기에는 너무 느리다. 새로운 알고리듬을 만들어 내면 의미 있는 발전이 이루어질지도 모른다. 아직까지는 누구도 순회 판매원 문제를 해결할 빠른 알고리듬이 존재하지 않음을 증명하지 못했으니까! 알고리듬 연구는 이제 겨우 몇십 년 간만에 의미심장한 발전이 이루어진 분야다. 순회 판매원 문제에 대한 빠른 해답을 찾는 일, 또는 더 이상의 빠른 해가 존재하지 않음을 증명하는 일이 컴퓨터 과학 최대의 미해결 과제로 남아 있다.

------
**휴리스틱 : 만점이 아니라 합격점에서 만족하기**

순회 판매원 문제가 어렵기는 하지만, 컴퓨터가 풀기에 가장 어려운 문제는 아니다. 문제를 푸는 데 지수적인 시간보다 훨씬 더 많은 시간이 드는 문제도 꽤 존재한다. 앞 장에서 논의했듯이 지금까지 알려진 문제 중에는 어떤 알고리듬으로도 풀 수 없는 계산 불능 문제도 존재한다. 또한 알고리듬이 있더라도 그 알고리듬이 최선이 아닐 수도 있다. 어떤 알고리듬은 틀림없이 문제를 해결해 주지만, 이 성공에 대한 대가가 너무 클 때가 종종 있다. 따라서 완벽한 절차가 아니라 현실적으로 만족할 만한 절차를 이용하는 편이 훨씬 실질적인 경우가 많이 있다. 사실 '십중팔구', 즉 '만점'이 아니라 '합격점' 정도면 충분할 때가 꽤 있다. 정답을 낼 가능성이 크지만 완전히 100퍼센트 보장한다고는 할 수 없는 규칙을 휴리스틱(heuristic)이라고 부른다. 알고리듬보다 휴리스틱을 쓰는 편이 현실적으로 더 나을 때가 많다. 예를 들면 순회 판매원 문제를 푸는 데 효과적인 휴리스틱, 즉 거의 최적에 가까운 해법을 주는 절차가 많이 있다. 비록 절대적으로 그렇다고 할 수는 없지만 사실 이 휴리스틱이 최상의 해법을 찾아 준다고 볼 수 있다. 현실의 순회 판매원도 느린 알고리듬보다는 성능이 우수한 휴리스틱을 더 선호할 것이다.

휴리스틱을 이용하는 간단한 예로 체스 게임이 있다. 체스 실력은 고만고만하지만 프로그래밍 능력은 뛰어난 프로그래머는 자기보다 체스 실력이 뛰어난 체스 프로그램을 작성할 수 있다. 그러한 프로그램은 반드시 이긴다는 보장은 없으므로 알고리듬은 아니다. 휴리스틱은 학습을 통해 추측을 한다. 좋은 휴리스틱일수록 그 추측이 옳을 확률이 높다. 컴퓨터가 놀랍도록 뛰어난 성능을 발휘하는 것은 알고리듬보다는 실은 휴리스틱 덕분이다. 실제로 논의해야 할 주제는 알고리듬의 한계인데도 철학자들은 틈만 나면 '컴퓨터의 한계'를 거론한다.

우수한 체스 프로그램은 다음과 같은 휴리스틱에 바탕을 두고 있다.

1. 체스 판 위에 말들이 종류별로 몇 개 있는지 세어 어느 편이 상대적으로 얼마나 강한지를 판단한다.

2. 몇 수 후를 내다보고 가능한 한 최상의 위치로 말을 옮긴다.

3. 상대방이 자기와 비슷한 전술을 구사하리라고 예상한다.

이 휴리스틱 규칙들 각각은 이상적인 전술에 가까운 것이지 완벽한 것은 아니기 때문에, 각 규칙이 실제로는 체스 프로그램의 악수(惡手)를 유발할 수도 있다. 예를 들어 체스에서 판세의 유불리는 말의 개수보다는 말의 위치에 따라 결정된다. 위치가 좋으면 남은 말의 수가 적어도 더 유리할 수 있다. 그렇다고 하더라도 첫 번째 휴리스틱은 일반적으로 타당하다고 할 수 있다. 말의 개수가 많을수록 유리한 경우가 꽤 많기 때문이다. 컴퓨터가 개발되기 전에도 말들의 개수를 보고 서로의 우열을 가늠하는 간단한 방법이 있다. 폰에는 1점, 비숍에는 3점, 루크(폰, 비숍, 루크는 체스의 말 종류—옮긴이)에는 5점, 이런 식으로 점수를 할당해 남아 있는 말들의 점수를 합계내서 판세를 판단하는 데 이용했다.

이 휴리스틱을 바탕으로 몇 수 앞까지 내다보고 응수하는 체스 프로그램을 만들 수 있다. 물론 할 수만 있다면 게임 시작부터 끝까지 가능한 모든 경우의 수를 다 고려하는 프로그램이 더 좋다. 틱택토 게임에서라면 그럴 수도 있겠지만, 체스에서는 최고 속도의 컴퓨터를 사용하더라도 꿈같은 이야기다. 체스 중반전에 이르면 규칙에 따라 움직일 수 있는 가짓수가 보통 36가지 정도고, 그 각각에 대한 상대편의 응수도 36가지다. 체스 게임에서는 평균적으로 80수 이상 두게 되므로, 컴퓨터는 $36^{80}$가지 경우의 수, 즉 $10^{124}$가지 경우의 수를 검색해야만 한다. 그 정도의 검색을 하려면 최고 속도의 현대 컴퓨터로도 수백 년 이상이 걸린다. 두는 수가 많아짐에 따라 가능한 경우의 수가 지수적으로 증가하는 현상이 문제다. 그렇다 보니 다섯 수에서 열 수 앞을 내다보기도 현실적으로 불가능하다. 따라서 두는 수를 평가하기 위해서 컴퓨터는 보통 앞에서 소개한 세 가지 휴리스틱을 사용한다.

당분간은 두 번째 휴리스틱이 몇 수 앞을 내다보며 최상의 위치에 수를 두는 올바른 적임자라고 믿고 이야기를 진행하도록 한다. 체스 프로그램이 여섯 수 앞을 내다보며 둔다고 정해 놓자. 첫 번째 휴리스틱에서는 체스 판 위에 남아 있는 말들의 수를 헤아려서 이전에 설명했던 채점 방식에 따라 점수를 매겨서 체스 기사의 상대적 우위를 계산한다. 체스 기사의 상대적 우위는 점수 차이에 따라 판단된다.

위와 같은 가정 아래 프로그램이 다음 수를 선택하는 최상의 방법은 무엇일까? 상대방의 수가 어떠냐에 따라 각각의 응수가 결정되기 때문에, 앞으로 가장 유리한 여섯 수를 일렬로 쭉 한꺼번에 선택하는 방법만으로는 부족하다. 상대방이 둘 모든 경우의 수를 고려하는 대신에 상대방이 상대방 본인에게 가장 유리한 수를 둔다고 가정해야만 한다. 이것이 세 번째 휴리스틱에 깔려 있는 가정이다. 상대방이 두는 수를 예측하려면 컴퓨터는 상대방의 입장에서 자신의 수를 바라보아야 한다. 컴퓨터는 자기가 두는 각 수를 평가하면서 앞으로의 수를 선택해 나간다. 한쪽 편에서 둘 수를 평가하는 절차는 다른 편에서 둘 수를 평가하는 절차가 어떠한가에 따라 달라진다. 컴퓨터는 자신을 자기편과 상대편의 입장에서 번갈아 바꾸어서 앞으로 둘 모든 가능한 여섯 수를 미리 두어 본다. 프로그램은 컴퓨터 메모리에 있는 가상의 체스 판에 수를 두어 보는데, 이것은 마치 체스 고수들이 '머릿속에서' 앞으로의 수를 쭉 두어 보는 과정과 같다. 자기편과 상대편의 위치를 평가하는 두 프로그램은 서로를 서브루틴으로 여기며 재귀적으로 호출한다. 이 반복 과정은 여섯 수 후를 파악하면 끝나고 이때 남은 말들을 세어 점수를 매긴다.

　대부분의 체스 프로그램은 여러 개의 부가적인 휴리스틱을 함께 사용함으로써, 나올 가능성이 거의 없는 경우의 수를 검색하는 수고를 미리 차단하기도 하고, 말들을 서로 맞바꿀 때 생길 수 있는 더 복잡한 경우의 수를 검색하기도 한다. 검색을 하지 않고 판세를 평가하는 좀 더 정교한 시스템도 물론 나와 있다. 예를 들면 체스 판의 중앙을 장악하고 있거나 왕을 잘 보호하고 있으면 추가적인 점수를 주는 시스템도 있다. 이러한 휴리스틱들은 모두 추측이 제대로 이루어지게 측면 지원을 해 줄 뿐만 아니라, 다른 휴리스틱에서 나타날지 모르는 실수를 미연에 방지하면서 판세에 대한 상황 파악 능력을 향상시킬 수 있다. 여러 면에서 잘 다듬어진 까닭에 이 기본적인 검색 절차는 거의 모든 체스 프로그램의 핵심 부분을 차지하게 되었다. 컴퓨터의 속도를 잘 활용하여 수백만 가지 경우를 고려하므로 아주 효율적이다. 이 수백만 경우 중에서 프로그래머를 깜짝 놀라게 할 기발한 수도 있다. 아주 노련한 인간 체스 기사조차 흠칫 놀라는 상황도 가끔 생긴다. 이러한 놀라운 능력으로 인해 기계가 프로그래머보다 체스를 더 잘 두게 되었다.

　체스 두는 기계는 컴퓨터 역사에서 불명예스러운 때도 있었지만, 오랫동안 나름의 역할을 해 왔다. 18세기의 헝가리 발명가 볼프강 폰 켐펠렌(Wolfgang von Kempelen)은 머리에 터번을 두른 터키 인 모양의 자동 체스 기계를 발명하여 전 서구 사회의 시선을 사로잡았다. 하지만 나중에 알고 보니 기계 안에 숨겨놓은 난장이가 말을 움직이고 있었다! 1914년에 스페인의 기술자 루이스 토레스

이 케베도(Luis Torres y Quevedo)가 숨어 있는 사람이 없는 간단한 형태의 체스 기계를 만들었으며, 1940년대 후반에야 클로드 섀넌이 여기에서 설명한 것과 비슷한 일군의 체스 게임 휴리스틱을 컴퓨터에 프로그래밍하는 방법을 알아냈다. 컴퓨터가 체스 게임을 제대로 할 수 있을 만큼 속도가 빨라진 것은 채 몇 년 되지 않는다. 상당수의 철학자들은 체스 게임이 인간 지성의 능력을 보여 주는 독특한 예라고 주장하면서 몇 년 전까지만 해도 느긋해 하고 있었다. 하지만 동일한 휴리스틱을 사용하는 현대의 컴퓨터들은 현재 세계 최고의 체스 고수를 이기는 경지에까지 올랐다(1997년 IBM의 컴퓨터 딥 블루(DEEP BLUE)가 세계 최강의 체스 고수 게리 카스파로프(Garry Kasparov)를 상대로 승리를 거두었다.). 이렇게 되자 철학자들은 주제를 슬그머니 다른 데로 옮겨 버렸다.

간단한 검색 휴리스틱이 통하는 까닭은 말을 움직이는 각 수에 대하여 상대방이 응수하는 경우의 수가 상대적으로 작기 때문이다. 12개의 말로 진행하는 간이 체스 게임인 체커에서는 경우의 수가 더 적기 때문에, 1960년대에 이미 이 분야의 인간 최고수를 이기게 되었다. 한편 바둑에서는 19×19의 큰 바둑판 때문에 경우의 수가 훨씬 더 많아 인간이 여전히 우위를 차지하고 있다(나는 개인적으로 체스보다는 바둑을 좋아한다. 바둑에서는 단 한 번의 수읽기가 전체 판세에 큰 영향을 미치지 않아서 약간 덤벙대도 손해를 덜 보기 때문이다.).

------

**적합도 지형**

일군의 경우의 수 검색을 위한 휴리스틱은 컴퓨터 프로그램에서는 빼놓을 수 없는 일이고 게임뿐만 아니라 여러 경우에 광범위하게 적용된다. 종종 어떤 문제에 대한 창조적인 해결책이 되기도 하는데, 크기는 하지만 한정된 경우의 수 안에 문제 해답이 존재한다고 알려진 소위 검색 공간(search space) 문제일 때는 더욱 그렇다. 체스의 경우에는 모든 경우의 수의 집합이 검색 공간에 해당된다. 순회 판매원 문제에서도 판매원이 택할 도시 사이의 모든 경로의 수가 이에 해당한다. 샅샅이 다 뒤지기에는 이 공간이 너무나 크기 때문에, 검색할 공간을 줄여 주는 휴리스틱이 이용된다. 반면에 틱택토 게임처럼 검색 공간이 적은 경우에는 옳은 해답을 확실히 찾을 수 있기 때문에 모조리 다 검색하는 편이 좋다.

일반적으로 검색 공간이 큰 이유는 체스에서의 말들의 움직임이나 순회 판매원 문제의 도시와 도시 사이를 잇는 선처럼 단순한 요소들이 결합되어 많은 경우의 수를 쏟아내기 때문이다. 단순한 요소들이 이렇게 결합하면 결국 경우의 수가 폭발적으로 늘어난다. 이것을 결합적 폭발(combinatiorial explosion, 결합되는 요소들의 수가 많아짐에 따라 경우의 수가 지수적으로 커지는 것을 가리킨다.)이라고 한다. 경우의 수가 요소들의 결합을 통해 생겨나므로, 거리라는 공간적인 개념을 사용할 수 있게 된다. 공통 요소들을 가지고 있는 결합은 그렇지 않는 경우보다 거리가 '가깝다'. 따라서 경우의 수의 집합도 '공간'이라고 부를 수 있다. 이 논리를 확대하여 경우의 수를 적합도 지형(fitness landscape)이라는 이차원 지형에 표현한다고 상상해 보자. 가능한 각각의 해법에 대한 점수를 이 지형에 점으로 찍어 표시할 수 있다. 가능성이 높은 해법은 점수도 높고 지형 속의 높이도 높다. 따라서 적합도 지형에는 언덕이나 계곡이 나타난다. 이렇게 만들어진 적합도 지형에서 가장 높이가 높은 언덕의 꼭대기를 찾으면 그것이 최상의 해법이 된다. 순회 판매원 문제를 예로 들어 보면, 지형에 표시된 각 점은 순회 판매원이 돌아다닌 특정 경로를 대표한다. 각 점의 높이는 그 판매원이 돌아다녀야 할 거리다. 그리고 높이가 높아질수록 순회 판매원은 더 효율적으로 각 도시를 순회한 것이다. 이 경우 가장 높은 언덕 꼭대기에 위치하는 점이 최상의 경로다.

적합도 지형을 검색하는 가장 쉬운 방법은 무작위로 점들을 비교해서 그중에 최상의 점을 골라 기억하는 것이다. 이 방법으로 검색할 수 있는 점들의 개수는 일반적으로 시간의 제약만 받기 때문에, 어떤 종류의 공간에도 이 절차를 적용할 수 있다. 마치 여러 지점에 낙하산 정찰 부대를 보내서 각 지점의 높이를 보고받는 일과 비슷하다. 언덕의 정상을 찾는 방법이 별 효과가 없을 때도 있다. 공간이 크면 제한된 시간 안에 조사할 수 있는 경우가 한정되어 있기 때문에, 그 시간 안에 찾은 가장 높은 점이 최상의 점이 아닐 가능성도 있기 때문이다.

순회 판매원 문제 같은 문제를 다루는 검색 공간에서는 인접한 점들의 점수가 비슷하기 때문에, 보통 한 점과 이웃 점을 연결하여 공간 사이의 경로를 검색하는 편이 더 좋다. 언덕의 꼭대기를 찾는 제일 좋은 방법이 직접 언덕에 올라가 보는 것이듯, 휴리스틱은 검색 공간상에서 거의 최상의 해법을 찾는다. 순회 판매원 문제를 예로 들어 보면, 컴퓨터는 순회 판매원이 돌아다닐 도시들의 순서를 바꾸면서 해법을 찾는다. 우선 두 도시를 골라 두 도시의 방문 순서를 바꿨을 때, 이 경로가 좀 더 효과적인 것으로 판명되면 이것을 더 우수한 해법으로 받아들인다(언덕을 한 단계 위로 올라간다.). 그 반대라면 그 결과는 제외하고 다른 시도를 한다. 이 검색 방법을 따르면 검색 공간 이곳저곳을 두루 돌아다니게 된다. 이 검색 방법에 따르는 컴퓨터는 항상 언덕 위쪽 방향으로 올라가려 하고 정상 지점에 도달해야 멈춘다. 정상에 오르게 되면 도시와 도시를 바꾸어도 더 이상 해법이 향상되지 않는다.

'언덕 오르기'로 불리는 이 검색법의 약점은 어느 한 언덕의 정상에 도달했다고 해서 그것이 반드시 그 지형에서 최고로 높은 언덕이라고 자신할 수 없다는 점이다. '언덕 오르기'가 알고리듬이 아니라 휴리스틱이기 때문이다. 언덕의 정상만을 찾아 헤매는 방식 이외의 다른 휴리스틱들도 존재한다. 예를 들면 무작위로 결정된 여러 지점에서 출발해서 언덕 오르기 과정을 여러 번 반복하는 휴리스틱도 있고, 정상만이 아니라 아래쪽으로 가 보는 휴리스틱도 있다. 그러한 여러 변형판들은 다 나름대로의 장단점이 있다.

언덕 오르기 휴리스틱은 순회 판매원 문제에서는 잘 작동될 뿐만 아니라 짧은 시간에 좋은 해답을 내놓는다. 도시가 수천 개쯤이라고 해도 시작할 때 추측을 올바르게 하고 언덕 오르기 과정을 향상시켜 주면 대부분 좋은 해법을 찾는다. 그렇다면 순회 판매원 문제가 어렵다는 이전의 말은 엄살이었단 말인가? 휴리스틱을 쓰면 십중팔구 최상의 경로를 찾을 수 있지만, 십중팔구 해법은 알고리듬이 될 수 없다. 틈만 나면 순회 판매원 문제를 "풀었다!"라고 외치는 프로그래머의 출현으로 컴퓨터 과학계가 술렁이고는 하는데, 지금까지 나온 성과는 전부 휴리스틱이었다. 순회 판매원 문제를 빠르게 풀어 낼 휴리스틱은 꿈도 못 꿀 정도로 어렵지는 않다. 다만 그 문제를 해결할 알고리듬을 찾는 일은 지극히 어려운 일이다.

항상 정답을 꼭 구할 필요가 없는 문제들이 많이 있다. 완벽하지는 않아도 적당히 만족할 수 있는 그런 문제들 말이다. 설사 완벽한 답을 바라더라도 그 해법을 도저히 구할 수 없는 문제가 참 많다. 그런 문제에 대해서 컴퓨터는 그럴듯한 추측을 통해 접근한다. 컴퓨터가 어마어마하게 많은 경우의 수를 고려할 수 있기 때문에, 가끔은 컴퓨터의 추측에 프로그래머조차 놀라는 경우도 있다. 컴퓨터가 휴리스틱을 쓰면, 놀라운 성능을 보일 때도 있지만, 한편으로 어설픈 실수를 저지르기도 한다. 이 실수 덕분에 무미건조한 기계에서는 느낄 수 없는 사람 냄새를, 컴퓨터에서도 맡을 수 있다.

# 6
## 메모리 :
## 정보와 암호

**나는 지금까지 메모리의 용량이 제한적이어서** 생길 수밖에 없는 컴퓨터의 용량 부족 문제를 무시하고 논하지 않았다. 이상적인 보편 컴퓨터는 메모리가 무한대지만, 실제 컴퓨터는 비용 문제로 인해 메모리가 제한될 수밖에 없다. 메모리의 용량이 문제 해결에 충분한 정도라면 그런 한계를 굳이 신경 쓰지 않아도 되지만, 알고리듬이나 응용 프로그램은 처리하는 데이터양이 아주 크기 때문에 활용 가능한 메모리의 용량이 중요한 고려 사항이 된다. 실제 세계를 표현해 주는 영상, 소리, 3차원 모델 등을 다루는 응용 프로그램은 종종 메모리를 많이 잡아먹는다. 주어진 응용 프로그램에 메모리가 얼마나 필요한지를 파악하는 것은, 컴퓨터가 그 일을 처리할 만큼 충분한 성능이 되는지를 판단할 때뿐만 아니라 정보를 처리하는 데 걸리는 시간을 판단할 때에도 중요하다.

정보의 측정 단위인 비트는 정보의 전송과 저장 두 가지 면에서 모두 안성맞춤이다. 어떻게 보면 정보의 전송과 저장은 동전의 양면과도 같다. 전송은 메시지를 한쪽에서 다른 쪽으로 보내는 반면에, 저장은 메시지를 한 시간대에서 다른 시간대로 '보낸다.' 4차원 시공간 용어로 생각하는 데 익숙하지 않다면 낯설게 여겨지겠지만, 두 측면을 모두 갖는 전송의 한 방법으로 편지 보내기를 생각해 보자. 다른 사람에게 편지를 보내는 것은 공간적으로 정보를 옮기는 것이고, 자기 자신에게 편지를 보내는 것은 시간적으로 정보를 저장하는 셈이다. 자세히 살펴보면 어떤 형태의 전송이든 공간과 시간이라는 두 측면을 갖고 있다. 컴퓨터는 정보를 저장하기 위해 지속적으로 그것을 재순환시킨다(이것은 자기가 받도록 자기 주소를 적은 편지를 부치는 일을 전자공학적으로 행하는 것에 다름 아니다.).

$n$비트의 메모리를 가진 컴퓨터가 $n$비트까지의 정보를 저장할 수 있음은 앞에서 살펴보았다. 하지만 어떤 주어진 정보를 표현하는 데 몇 비트가 필요한지 어떻게 판단할 수 있을까? 예를 들면 이 책에 들어 있는 단어들을 비트로 환산하면 몇 비트가 될까? 이

계산은 그리 쉽지만은 않다. 올바른 답이 여러 가지일 수도 있다. 이 질문에 대해 생각하다 보면 압축, 오류 발견과 수정, 난수, 암호 등의 내용과 자연스레 만나게 된다.

주어진 어떤 데이터를 전송하거나 보내는 데 필요한 비트수는 데이터가 부호화(encoding)되는 방식에 따라 달라진다. 이 책의 글자처럼 복잡한 메시지를 표현하는 한 가지 방법은 메시지를 이 책에 나오는 모든 문자들처럼 더 간단한 부분들의 연속으로 표현하는 것이다. 통상적인 이 표현법에 따르면 메시지의 비트수는 책의 문자 개수에 문자당 비트수를 곱한 값이 된다. 이 책에 25만 개의 문자가 들어 있고 내 컴퓨터는 한 문자를 저장하는 데 8비트를 필요로 하는 코드를 사용하므로, 컴퓨터가 이 책 내용을 저장하기 위해 사용하는 파일의 크기는 약 200만 비트다. 이 책이 200만 비트의 정보를 담고 있다는 결론을 내리고 싶을지도 모르겠지만, 200만 비트는 단지 컴퓨터가 텍스트를 저장하기 위해 사용할 메모리의 용량에 관한 측정값, 그것도 메시지를 표현하는 방식에 따라 달라지는 하나의 측정값에 불과하다. 그래도 유용한 측정값이기는 하다. 이 측정값을 통해서 정보를 저장하기 위해 컴퓨터가 필요로 하는 메모리 용량뿐만 아니라 정보를 처리하는 데 걸리는 시간까지도 알 수 있기 때문이다. 예를 들면 내 컴퓨터가 초당 2000만 비트를 디스크에 쓸 수 있고 이 책을 표현하는 데 200만 비트를 사용한다면, 이 책의 내용을 디스크에 전부 담는 데 10분의 1초가 걸린다는 것을 계산해 낼 수 있다.

문자 개수 × 8로 텍스트의 비트수를 측정하는 방법이 갖는 문제점은 컴퓨터가 사용하는 표현 방식이 달라지면 이 방법도 달라진다는 점이다. 다른 컴퓨터 또는 동일한 컴퓨터 안에서 실행 중인 다른 응용 프로그램에서는 동일한 문자열을 다른 비트수로 표현할 수도 있다. 예를 들면 문자당 8비트를 쓰는 방식에서는 256개의 서로 다른 문자를 표현할 수 있지만, 이 책의 텍스트는 26개의 문자, 대문자와 소문자, 숫자와 구두점 등을 포함하여 64개 이하의 문자를 사용한다. 따라서 6비트 정보($2^6 = 64$)를 사용하여 각 문자를 나타내는 편이 더 효율적일 수도 있으며, 그렇게 하면 텍스트의 표현을 무려 150만 비트까지 줄일 수 있다.

표현 방식의 차이에 구애받지 않고 정보를 측정할 수 있다면 얼마나 좋겠는가! 좀 더 근본적인 정보 측정값은 텍스트 표현에 필요한 '최소 비트수'다. 정의하는 것은 전혀 어렵지 않지만, 계산하기가 그리 만만치 않아서 탈이다.

———

**데이터 압축의 비밀**

주어진 텍스트의 정보를 잃지 않고 얼마만큼 압축할 수 있을까? 문자당 비트수를 8개에서 6개로 줄이는 것도 압축의 한 가지 방법이다. 다른 압축법들은 기본적으로 텍스트에 나타나는 규칙성을 활용한다. 예를 들면 영어 문장에서는 T와 E가 Q와 Z보다 훨씬 자주 나온다. 자주 나오는 문자를 표현할 때 1과 0의 비트열이 작은 것을 쓰면 좀 더 효율적인 코드가 된다. 무선 기사들은 좀 더 간결한 표현을 위해 사용 빈도수에 따라 문자 부호화를 달리하는 방법, 즉 가변 길이 부호화(variable-length coding)를 초창기부터 사용했다. 모스 부호에서는 E는 짧은 발신 전류( · ) 1개로 T는 긴 발신 전류(–) 1개로 표현된다. Q나 Z처럼 흔하지 않은 글자는 최고 4개의 · 과 – 로 표현된다. 세 번째 종류의 신호인 일시 정지가 문장의 끝을 표시하는 데 쓰이니까, 모스 부호의 · 과 –는 1과 이진법의 1과 0에 딱 들어맞지는 않지만 원리상으로는 비슷하다.

1과 0을 써서 가변 길이 부호화를 하려면 코드 형태를 선택하는 데 주의를 기울여야 한다. 그래야만 비트열이 혼동되지 않고 문자들이 딱 들어맞는다. 그렇게 되려면 어떤 문자를 표현하는 데 쓰이는 비트열의 시작이 다른 문자를 표현하는 데 쓰이는 비트열의 시작 비트와 같지 않아야 한다. 예를 들면 자주 쓰이는 문자는 4비트로 표현하면서 첫 비트를 1로 시작하고 자주 쓰이지 않는 문자는 7비트로 표현하면서 첫 비트를 0으로 시작하면 된다. 이렇게 하면 비트열이 짧은 문자와 긴 문자로 나누어지게 된다. 상대 빈도를 활용하는 가변 길이 부호화법을 선택하면 텍스트를 실질적으로 상당히 압축할 수 있다. 이 책의 텍스트일 경우에는 원래의 200만 비트에서 약 100만 비트로, 즉 50퍼센트나 압축할 수 있다.

어떤 압축법을 쓰든 데이터의 규칙성을 활용한다는 점에서는 별 차이가 없다. 위에 설명한 부호화법은 문자의 출현 빈도에서 나타나는 규칙을 활용한 것이다. 이밖에도 이용할 수 있는 규칙은 더 있다. 예를 들면 문자 뒤에 어떤 문자가 뒤따라 나올 확률은 알파벳에 따라 다르다. Q 다음에는 거의 항상 U가 따라오고, Z 뒤에 K가 오는 법은 결코 없다. 문자쌍에 대한 가변 길이 부호화 시스템은 계속 연구되어 왔고 이제는 두 글자 조합이 동일한 빈도로 나타나지 않는다는 사실을 잘 활용할 수 있게 되었다. 최근의 부호화법은 좀 더 흔한 문자쌍에는 좀 더 짧은 비트열을, 그리고 잘 나타나지 않는 문자쌍에는 좀 더 긴 비트열을 이용한다. 이 방법을 사용하면 이 책의 내용을 담는 데 필요한 비트수가 10분의 1까지 줄어든다. 문자당 평균 3.5비트밖에 사용하지 않는 셈이다.

좀 더 긴 문자열에서 나타나는 규칙성을 활용하면 훨씬 더 효율적인 부호화가 가능하다. 예를 들어 이 책에서는 '컴퓨터'라는 단어가 굉장히 많이 나온다. 이 단어를 표현하는 데 비교적 짧은 비트열을 사용하면 이점이 크다. 마찬가지로 '비트'나 '프로그램' 같은 단어들도 자주 나오므로 특별히 부호화할 가치가 충분히 있다.

문자열에서 나타나는 이와 같은 통계적 규칙성과는 다른 차원의 규칙성도 존재한다. 예를 들면 문법이나 문장 구조, 구두점 등에서 나타나는 규칙성까지도 압축에 이용된다. 하지만 어떤 지점에 이르면 성과가 줄어들기 시작한다. 이용 가능한 최상의 통계적 방법을 사용하더라도 최종적으로는 문자당 평균 2비트 미만 정도(8비트 문자 표현의 약 25퍼센트) 이하로는 압축할 수 없다.

텍스트도 압축이 꽤 잘 되기는 하지만, 소리나 그림 같은 실제 세계를 표현하는 신호는 압축이 훨씬 더 잘 된다. 이 신호들은 보통 아날로그-디지털 변환(ADC, analog-to-digital conversion)이라는 과정을 거쳐 컴퓨터가 읽어 낼 수 있는 것으로 변환된다. 아날로그-디지털 변환 과정에서 처리되기 위해 입력되는 소리의 세기나 빛의 밝기 같은 신호는 아날로그 신호로서 연속적으로 변한다. 예를 들어 흑백 사진의 한 점, 즉 한 픽셀은 흰색이거나 검은색뿐만 아니라 회색이나 다른 색깔을 띠기도 한다. 그러나 컴퓨터는 모든 가능성을 무한정 표현할 수 없기 때문에 각 픽셀을 회색 음영의 유한한 집합으로 간략화함으로써 신호를 단순화시킨다. 명암의 농도가 단계적으로 변하는 그러데이션(gradation, 계조라고도 한다.) 의 개수는 2의 $n$제곱이므로 컴퓨터가 정보를 저장하는 단위로 삼는 비트와 아주 잘 어울린다. 예를 들어 흑백 사진을 표현하는 데 사용하는 점들의 밝기는 8비트로 표현할 수 있다. 즉 256개 계조의 회색으로 표현할 수 있다. 12비트 부호를 이용하는 고화질 영상은 4,096개의 계조를 나타낼 수 있다. 컬러 영상은 한 점당 24비트를 사용하는데, 이중 8비트를 각 삼원색의 세기 표현에 사용한다.

사진 영상의 질을 결정하는 다른 요소는 해상도다. 해상도란 사진을 표현하는 데 쓰이는 픽셀의 수를 말한다. 1,000×1,000개 점의 배열이 만들어 내는 고해상도 영상은 100×100의 해상도를 갖는 영상보다 더 정확하게 사물을 표현한다. 그러나 1만 개의 픽셀 대신 100만 개의 픽셀을 사용해야 하므로 메모리가 100배나 더 필요하고 영상 처리에 걸리는 시간도 100배나 더 길어진다. 좋은 화질에는 그만한 대가가 따르는 법!

　　고해상도 영상에는 많은 수의 비트가 포함되어 있기 때문에 저장 비용과 전송 비용을 줄이려면 압축하는 것이 좋다. 1초당 24~100개의 프레임을 필요로 하는 동영상일 경우, 압축이 특히 더 필요하다. 영상은 규칙성이 크기 때문에 압축이 비교적 쉽다는 점이 그나마 다행이다. 대부분의 사진에서 특정 픽셀의 세기와 색은 이웃 픽셀의 그것과 거의 동일하다. 예를 들면 사람 얼굴 사진의 볼 부분을 표현하는 인접하는 두 픽셀의 밝기와 색깔은 거의 비슷하다고 보아도 무방하다. 대부분의 영상 압축 알고리듬은 이러한 유사성을 활용한다. 영상 압축 알고리듬은 밝기와 색깔이 균일한 영역은 몇 개의 작은 비트로 표현한다. 좀 더 복잡한 규칙성, 예를 들면 영상의 다른 부분에 비슷한 짜임새가 나타나는 규칙성을 이용하는 다른 영상 압축법도 존재한다. 텔레비전 방송 같은 동영상에 대해서는 연속 프레임 사이의 유사성을 이용하는 압축법이 사용된다. 그러한 기술을 사용하면 사진은 원래의 10분의 1 그리고 동영상은 원래의 100분의 1까지 압축할 수 있다. 소리에 대해서도 이와 비슷한 압축법이 적용될 수 있다.

　　이 압축법의 관점에서 보면 영상에 포함된 정보량이라는 개

넘은 직관에 반하는 것처럼 보인다. 영상 표현에 필요한 최소 비트 수를 영상에 담긴 정보량의 척도로 삼으면, 압축하기 쉬운 영상의 정보량이 더 적다는 말이 된다. 예를 들면 얼굴 영상의 정보량이 해변의 조약돌 더미의 정보량보다 적다는 결과가 나온다. 왜냐하면 얼굴 영상에서 인접한 픽셀들끼리는 서로 비슷할 가능성이 높기 때문이다. 사람 눈으로 보기에는 얼굴의 정보량이 더 많은 것 같지만 조약돌이 전송과 저장에 더 많은 정보를 필요로 한다. 이렇게 보면 번개처럼 완전히 무작위로 보이는 픽셀의 영상이 가장 정보량이 크다고 할 수 있다. 영상 안의 점들이 이웃 점들과 아무 관련성이 없으면 압축에 필요한 규칙성이 존재하지 않는다. 그런 영상은 완전히 무의미하게 보이는데도(진짜로 아무 의미도 없을지 모른다.), 컴퓨터로 표현하자면 터무니없이 큰 정보량이 필요하다.

최소 비트수로 정보량을 판단하는 방법은 정보 내용 판단에 관한 우리의 직관과 잘 부합하지 않는다. 왜냐하면 컴퓨터가 의미 있는 정보와 의미 없는 정보를 구별할 수 없기 때문이다. 보는 사람에게 아무런 의미가 없는데도 컴퓨터는 해변에 널려 있는 조약돌의 모든 색깔과 위치를 픽셀에 세세히 표현해야만 한다. 어떤 정보가 중요한지의 여부는 아주 미묘한 문제다. 그 영상이 이용되는

**그림 23**
형태를 몇 개의 선으로 포착한 피카소의 스케치

방식이 무엇인지 그리고 영상을 이용하는 주체가 누구인지에 따라 달라지기도 한다. 엑스선 영상의 아주 미세한 자국은 문외한에게는 아무 의미도 없어 보이지만, 내과 의사에게는 매우 중요한 정보다. 파블로 피카소 같은 위대한 화가도 복잡한 장면은 별개의 간략한 선으로 '압축' 시켰다고 할 수도 있는데, 피카소도 영상의 어떤 부분이 어떤 의미를 전달할지 판단하느라 꽤나 고심했을지도 모른다 그림23.

　만약 컴퓨터가 의미 있는 정보만을 저장하는 방식으로 영상을 압축한다면, 표현에 필요한 비트수는 영상에 담긴 정보량에 관한 우리의 상식과 어느 정도 맞아떨어진다. 예를 들어 규칙성이나 의미 있는 정보는 전혀 없고 무작위적인 픽셀의 배열만 표현하는 어떤 영상이 있다고 하자. 이러한 영상을 재구성하라는 요청을 받으면 컴퓨터는 그냥 또 하나의 무작위적인 픽셀 배열을 발생시키면 그만이다. 어떤 픽셀이 정확히 어떤 색조를 나타낼지와 같은 자세한 사항은 원본과 재생본에서 다르겠지만, 사람의 눈은 그 차이를 전혀 구분하지 못한다.

　많은 영상/음성 압축 알고리듬은 표현할 정보의 크기를 줄이기 위해 의미 없는 정보는 버린다. 이러한 버리기 압축 알고리듬은 눈이나 귀가 영상이나 소리로부터 어느 수준 이상의 상세한 정보는 감지하지 못한다는 가정 아래 성립된다. 압축이 풀린 정보가 특정한 목적에만 이용된다고 알려져 있을 때에는 보통 버리기 압축법이 사용된다. 예를 들면 특정한 세부 사항이 영화의 딱 한 프레임에서만 나타난다면 굳이 알아볼 사람도 없을 테니 버리는 편이 더 안전할 수 있다.

———

또 다른 영상 표현법도 있다. 이 방법을 쓰면 앞에서 설명한 방법보다 더 높은 압축률을 얻을 수 있다. 그 방법은 영상 자체가 아니라 그 영상을 만드는 방법을 저장하는 것이다. 예를 들어 저장할 영상이 일련의 선으로 그려진 그림이라면 그 선들을 목록으로 저장하는 것으로 그 그림을 컴퓨터 데이터화할 수 있다. 이 표현법은 컴퓨터가 간단한 선 그리기를 할 때 사용된다.

어떤 것을 구현하는 절차나 프로그램을 보관했다가 그것에 따라 재현하자는 발상은 음성과 같은 유형의 데이터를 다루는 데에 잘 적용된다. 이것은 음악을 악보에 기록한다는 개념에 비해 그리 심오한 것도 없어 보이지만, 컴퓨터는 기존의 악보가 담지 못한 온갖 정보, 즉 악기의 음정, 바이올린의 활 긋는 소리, 심지어 관현악단의 분위기 같은 것들을 기록할 수 있다. 그 결과 그 음악이 실제로 공연되는 순간을 거의 완벽하게 재현해 낸다. 어떤 대상을 컴퓨터로 만들 수 있다면 정의상 정확한 제작 절차가 존재할 테니, 그 절차에 대한 설명이 그 대상을 표현하는 기능을 하게 된다.

이로부터 다음과 같은 또 하나의 정보 판단 척도가 나온다. '비트 패턴(bit pattern)의 정보량은 그 비트를 생산할 수 있는 가장 작은 컴퓨터 프로그램의 길이와 같다.' 정보에 관련된 이 정의는

비트 패턴이 영상, 음성, 텍스트, 수 이외의 어떤 것을 표현하더라
도 적용된다. 이 정의가 흥미로운 까닭은 패턴이 가진 모든 종류의
규칙성을 다 아우르기 때문이다. 게다가 이 정의는 앞에서 기술한
모든 압축법을 다 포함한다(이 정의는 컴퓨터의 기계어에 따라 달라지는 것
처럼 보일 수도 있지만, 모든 컴퓨터는 다른 컴퓨터를 시뮬레이션할 수 있으므로 컴
퓨터가 달라지면 시뮬레이션 실행에 필요한 코드의 양 정도밖에 달라지지 않는다.).

　　일단 정보가 가능한 한 최대로 압축되면 규칙성이 사라진다.
규칙성이 남아 있다는 것은 더 압축할 수 있다는 말이기 때문이다.
최적의 상태로 텍스트를 압축해서 생긴 1과 0의 값들로 이루어진
비트열은 동전을 던진 결과를 기록한 것처럼 완전히 무작위적이
다. 사실은 많은 수학자들이 '압축 불가능성'이라는 속성을 무작
위성의 정의로 사용하고는 한다. 이것은 만족스러운 정의지만 어
떤 주어진 1과 0의 비트열이 위의 의미로 무작위한지의 여부를 판
단하기는 쉽지 않다. 규칙성이 포착되면 압축 가능하다고 판단하
기는 쉽지만 규칙성이 발견되지 않는다고 해서 더 이상 압축할 수
없다는 증명이 이루어진 것은 아니다. 4장에서 설명한 유사 난수
열이 무작위적인 것처럼 보이지만 어떤 규칙성을 숨기고 있는 좋
은 예에 속한다. 무작위성을 위에서처럼 정의하면, 유사 난수열은

완전히 무작위적이지 않게 된다. 왜냐하면 제작 알고리듬(이 경우에는 룰렛 원반 시뮬레이션)을 파악하기만 하면 아주 긴 비트열을 간단히 요약할 수 있으니 말이다.

------

**암호화**

무작위로 보이지만 규칙성이 숨어 있는 그러한 비트열들은 암호 데이터를 만드는 데 사용될 수 있다. 예를 들면 내가 친구에게 비밀 편지를 보낸다고 상상해 보자. 둘 다 똑같은 난수 발생 장치를 갖고 있다면 둘만 알고 있는 일련의 난수를 똑같이 만들 수 있을 테니, 혹시나 다른 사람이 그 메시지를 중간에 가로채지 못하도록 감출 수 있다. 전송할 메시지가 표준 문자당 8비트 표현을 사용하는 문자 표시 비트열이라고 가정하자. 이러한 표준적인 표현법은 해커에게 간파되어 해독될 수 있는데, 이런 메시지를 암호 작성자들은 '평범한 텍스트(plain text)'라고 부른다. 메시지를 암호화하려면 평범한 텍스트의 각 비트를 유사 난수 비트열과 짝지어 준다. 유사 난수 비트가 1이면 이에 해당하는 평범한 텍스트 비트를 반전시킨다. 유사 난수 비트가 0이면 그대로 둔다. 이렇게 하면 평범한 텍스트에 있는 비트의 절반이 바뀌게 되는데, 해커는 어느 절반이 바뀌었는지 알 길이 없다. 해커가 유사 난수 비트열을 알지 못하는 한, 1과 0들이 모여 나열된 비트열은 아무런 의미가 없는 셈이다. 한편 수신자인 내 친구는 완전히 똑같은 무작위 비트열(이것이 변환된 비트들을 원래대로 바꿔 원래 메시지를 해독하는 역할을 한다.)을 만드는 방법을 알고 있다. 이런 방법이나 이와 아주 유사한 방법이 대부분의 암호화법에서의 핵심 요소다.

메시지 암호화는 편지를 특수 열쇠로만 열리는 상자에 담아 보내는 일에 비유될 수 있다. 앞에서 언급한 난수 발생 장치가 그 열쇠에 해당한다. 열쇠만 갖고 있으면 변환을 행할 수 있다. 앞의 예에서는 암호 작성과 해독에 동일한 열쇠가 사용되지만 다른 열쇠를 사용할 수도 있다. 암호 작성과 해독에 각각 다른 열쇠를 사용하는 방식이 일반적이기 때문에 해커가 설사 암호화 열쇠를 안다고 해도 해독에 필요한 열쇠까지 당연히 안다고는 할 수 없다. 이 방법은 매우 유용하다. 예를 들면 내가 암호 메시지를 받고 싶을 때 내게 보낼 메시지를 암호화시키는 데 필요한 열쇠를 만드는 법을 공개해도 된다. 그렇게 하면 그 공개 열쇠를 이용해 내가 아는 사람이든 모르는 사람이든 누구나 암호 메시지를 만들어 나에게 보낼 수 있다. 공개 열쇠는 단지 나에게 메시지를 보내는 사람에게 메시지를 암호화하는 방법만 알려 줄 뿐 해독하는 방법은 알려 주지 않기 때문에 암호화를 한 본인은 물론, 어느 누구도 암호화된 메시지를 풀 수 없다. 내가 비밀리에 간직하고 있는 개인 열쇠만이 암호화된 메시지를 해독하여 원래의 평범한 텍스트로 변환시킬 수 있다. 이것이 바로 공개 열쇠 암호화(public key encryption)이다. 이 암호화 방법 덕분에 현실적으로 중요한 문제가 하나 해결된다. 예를 들면 신용 카드를 사용하는 인터넷 사이트에서 고유 열쇠를 공개하면 고객들은 해킹당할 우려 없이 자신의 신용 카드 번호를 암호화할 수 있다.

공개 열쇠 암호화법은 또한 메시지의 진실성을 확인하는 데에도 유용하다. 이번에는 해독 열쇠를 공개하고 암호화 열쇠는 나만 비밀로 가진다고 해 보자. 메시지를 보낼 때 항상 보내는 사람이 나임을 증명하는 '표시'를 하고 싶으면 그 비밀 열쇠를 사용해 암호화를 한다. 받는 사람은 해독 열쇠가 있으니 메시지를 읽을 수 있다. 그러한 표시가 있는 메시지는 나만 보낼 수 있으므로 받는 쪽에서도 그 메시지가 나한테서 왔음을 알 수 있다.

------

### 오류 탐지 코드

부호화/복호화(encoding/decoding) 과정은 압축과 보안 이외에 다른 분야에도 많이 응용된다. 예를 들면 오류 발생 기회를 줄이기 위해 필요한 개수 이상의 비트를 사용하여 메시지를 표현해야 하는 상황도 있을 수 있다. 0 대신 1을 수신하는 경우 같은 전송 오류를 탐지하기 위해 사용되는 여분의 코드를 오류 탐지 코드(error-detecting code)라고 부른다(이 여분의 코드를 리던던시(redundancy)라고 한다.—옮긴이). 오류 수정 코드(error-correcting code)라고 불리는 다른 코드는 탐지뿐만 아니라 수정도 해야 하기 때문에 더 많은 여분의 정보를 담고 있다.

여분의 정보, 즉 리던던시를 보내는 방법으로는 한 번 이상 반복해서 보내는 방식이 제일 먼저 떠오른다. 메시지를 두 번 보내면 오류를 발견할 수 있다. 동일한 2개의 메시지를 송신했는데 약간 다른 메시지를 수신한다면, 전송 중에 무언가 오류가 발생했다는 뜻이 된다. 단순한 오류 탐지 코드는 메시지를 세 번 반복해서 보내기다. 셋 중 하나만 이상이 있다면 내용이 똑같은 나머지 2개의 메시지로 메시지를 복구할 수 있다.

▬

다행스럽게도 리던던시를 훨씬 덜 써서 오류 탐색과 수정을 할 수 있는 코드가 있다. 오류 탐색에 패리티 코드(parity code)를 사용하는 방법이다. 이 방법을 쓰면 여분의 1비트만 추가하여 어떤 길이의 메시지든 1비트 단위의 오류를 발견할 수 있다. 패리티 코드의 특별한 예로, 불량이 심한 전송선으로 8비트 코드를 이용해 문자를 전송한다고 생각해 보자. 각 문자를 표현하는 일곱 자리 코드 뒤에 패리티 비트로 불리는 여덟 번째 비트에 1이나 0을 붙여 모두 여덟 자리 코드 안에 있는 1이 모두 홀수개 또는 짝수개가 되도록 만든다. 예를 들어 일곱 비트 안에 있는 1의 개수가 홀수개면 패리티 비트에 1을 넣어 전체의 1의 개수를 짝수개로 만든다. 받는 쪽에서는 모든 코드에서 1의 개수가 짝수개여야 함을 알고 있기 때문에 전송 중에 코드가 변화되면 오류가 발생했음을 알아차리게 된다. 컴퓨터의 메모리 시스템에서도 이와 비슷한 패리티 코드 방법이 쓰인다. 패리티 비트가 1비트만 있어도 메시지 길이가 얼마나 길든 상관없이 오류를 발견할 수 있다. 이 방법의 한계는 오류가 단 1개일 때에만 통한다는 것이다. 2개의 비트가 변환되었다면 데이터가 올바르지 않는데도 불구하고 패리티비트 검사법으로는 오류를 탐지할 수 없다.

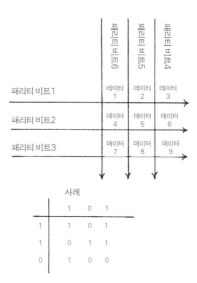

**그림 24**

9개의 데이터 비트와 6개의 패리티 비트로 이루어진 오류 수정 코드

--------------------------------------------------------------

　다중 패리티 비트를 사용하면 여러 개의 오류도 탐지할 수 있다. 받는 쪽에서 오류를 탐지할 뿐만 아니라 수정도 할 수 있어 충분한 정보도 보낼 수 있다. 즉 오류가 있어도 원래의 올바른 메시

지로 복구할 수 있다는 말이다. 그러한 코드의 예는 그림 24에 설명되어 있는 2차원 패리티 코드다.

이 코드에는 메시지 데이터 9비트와 패리티 6비트가 포함되어 있다. 메시지는 3×3배열로 정렬되어 있다. 각 수평 행마다 1개씩의 패리티 비트, 각 수직 열마다 또 1개씩의 패리티 비트가 있다. 메시지에 1비트의 오류가 발생하면 패리티상으로는 행에 1개, 열에 1개이므로 총 2개의 오류가 탐지된다. 메시지를 받는 쪽은 이것을 보고서 오류가 발생한 행과 열 사이의 교차점에 있는 비트에 오류가 발생했으니 수정해야 한다는 사실을 알아차린다. 한편 패리티 비트 중 1개가 전송 중 오류를 일으켰다면, 행이나 열 중 하나만 올바르지 않은 패리티를 나타낼 것이다. 2차원 형태로 그리면 이 코드의 구조를 시각적으로 파악하기 쉬울 것 같아 그림 24와 같이 그려 놓았지만, 사실 어떤 순서로 전송하든 상관없다. 위와 같은 오류 수정 코드는 대형 컴퓨터의 메모리에 들어 있는 각 워드(word)를 보호할 목적으로도 종종 이용된다. 유사한 기술을 사용하면 다양한 종류와 여러 개의 오류를 탐지하고 수정하는 다른 코드를 많이 만들 수 있다.

오류 탐지 코드는 정보를 전송하고 저장할 때 발생하는 신호

오류에 대처할 수 있다. 그렇다면 컴퓨터 자체의 오류는 어떻게 해야 할까? 논리 블록 중 일부가 올바르게 작동하지 않더라도 전체적으로 올바른 답을 낼 수 있는 논리 블록을 구성할 수 있다는 것이 판명되었다. 여기서도 기본적인 도구는 리던던시다. 오류가 있어도 끄떡없는 논리 블록을 만들려면 동일한 논리 블록을 3개 복사하면 된다. 2장의 그림 12에서 선보인 다수결 블록을 사용하여 세 복사본에서 나온 해답을 결합할 수 있다. 복사본 중 1개가 오류를 일으키면 나머지 2개가 그것을 제외한다. 이 간단한 방법으로 오류가 1개인 경우는 전부 보호받을 수 있다(다수결 블록 자신이 오류를 일으키는 경우는 논외로 한다.).

전선 전달, 스위치 작동 불능 및 0이 모두 1로 바뀌는 현상과 같은 명확한 형태의 오류일 때에는 도무지 미덥지 않은 요소들을 가지고 확실히 신뢰가 가는 계산 장치를 구성할 수 있다. 이 작업을 하려면 충분한 리던던시 논리 블록을 체계적인 방식으로 사용할 수 있어야 한다. 예를 들어 분자 스위치처럼 엄청나게 빠르거나 아니면 엄청나게 저렴하지만 작동되는 시간의 2할이나 오작동을 일으키는 새로운 종류의 스위치 장치를 만들 수 있다면, 이런 스위치 소자를 사용해 99.99999퍼센트의 신뢰도로 해답을 척척 내놓는 컴퓨터를 제작할 수 있다. 회로에 리던던시 블록을 적절히 구성하기만 하면 말이다.

그렇다면 언제나 신뢰할 수 있는 컴퓨터를 정말 제작할 수 있다는 뜻인가? 꼭 그렇다고 할 수는 없다. 특정한 종류의 오류를 제거할 목적으로 컴퓨터를 구성할 수도 있지만, 예기치 못한 유형의 오류가 발생하여 나머지 다른 모듈(module, 프로그램을 기능별로 분할한 논리적인 일부분 혹은 컴퓨터 같은 기계 장치에서 분할 가능하도록 설계되어 있는 한 부분——옮긴이)에도 연쇄적인 오류를 초래할 가능성이 존재한다. 예를 들어 한 모듈이 과열되면 다른 모듈도 덩달아 과열될 수 있고, 어떤 종류의 자기장으로 인해 모듈 전체에 동시에 오류가 발생할 수도 있다. 어떤 종류의 오류라도 예상할 수만 있으면 기술자들이 그에 대처하는 논리 블록을 설계할 수 있지만, 기술의 역사를 보건대 우리의 상상력이 충분했던 적은 별로 없다. 꿈에도 예상치 못한 의외의 실패가 어디 한두 번이었던가?

컴퓨터가 완벽할 수 없는 두 번째 이유는 대부분의 컴퓨터에서 일어나는 오작동이 올바르지 않은 논리 연산 때문만은 아니라는 사실 때문이다. 오작동은 보통 소프트웨어 설계의 오류 때문에 일어나는 경우가 많다. 프로그램된 컴퓨터는 그 안의 소프트웨어를 포함하여 지금까지 인간이 만들어 낸 가장 복잡한 시스템이다. 컴퓨터를 이루는 구성 요소들의 개수는 가장 복잡한 항공기의 구성 요소 개수보다 더 많을 정도로 엄청나게 많다. 현대의 기술 수준으로는 그 정도로 복잡한 시스템을 설계하기가 실제로 아주 벅찰 정도다. 최신 컴퓨터에서는 무려 수백만 개의 논리 연산이 동시에 실행되고 있기 때문에 각각의 작동이 가져올 결과를 정확히 예측하기는 거의 불가능하다. 앞에서 설명한 기능적 추상화 덕분에 간신히 제어되기는 하지만, 이 기능적 추상화도 모든 요소들이 예상대로 어느 정도 작동될 때에만 유지된다. 예상 밖의 어떤 상호작용이 발생하면(실제로 종종 발생한다.), 기능적 추상화에 기반을 둔 시스템이 붕괴되어 참담한 재앙이 발생하게 된다. 사실은 대형 컴퓨터 시스템의 행동 방식은 예측 불가능할 때가 종종 있다. 이러한 이유를 심각하게 생각하다 보면 완전히 신뢰할 만한 컴퓨터 설계는 불가능하다는 말이 나올 법도 하다.

7

# 컴퓨터의 속도 :
# 병렬 컴퓨터

**메모리 용량은 제쳐 두고라도** 보편 컴퓨터는 연산을 수행하는 속도에 따라 여러 유형으로 구별된다. 그리고 컴퓨터의 속도는 메모리에 데이터를 넣고 빼내는 시간에 따라 결정된다.

지금까지 논의해 온 컴퓨터는 순차적 컴퓨터, 즉 데이터를 한 번에 1개씩 처리하는 컴퓨터들이었다. 재래식 컴퓨터가 그처럼 작동하게 된 데에는 역사적인 배경이 있다. 1940년대 후반과 1950년대 초반, 컴퓨터가 막 개발될 무렵 스위치 소자(계전기나 진공관 등)는 꽤 비쌌지만 속도는 비교적 빨랐다. 메모리 소자(수은 지연 소자, 자기 드럼 등)는 상대적으로 싼 반면에 느렸다. 이 모든 소자들은 순차적 인 데이터열을 만들어 내기에 적합한 특성을 갖고 있었다. 비싼 스위칭 소자를 가능한 한 많이 활용하도록 설계했기 때문에 컴퓨터 메모리의 속도에는 그다지 신경을 쓰지 않았다. 초창기 컴퓨터는 집채만 했고 비싼 프로세서와 느린 메모리로 구성되었다. 그 사이로 데이터들이 졸졸 흘렀다.

컴퓨터 기술이 향상되어 소프트웨어가 자꾸 복잡해지고 비싸지자 프로그래머를 양성하기가 점점 더 어려워졌다. 상황이 이렇게 되니 소프트웨어와 프로그래머 양성에 드는 비용을 줄이기 위해 컴퓨터의 기본 구조는 바꾸지 않고 그대로 유지했다. 두 부분으로 나눈 설계를 재고해 본다거나 소프트웨어와 하드웨어의 기본 관계를 바꾸겠다는 생각은 아예 해 볼 여유가 없었다. 기술이 너무 빠르게 발전하다 보니 새로운 기술을 가지고 같은 종류의 컴퓨터를 만드는 편이 더 빠르고 더 값싼 기계를 만드는 손쉬운 방법이었기 때문이다.

컴퓨터의 속도는 2년마다 두 배씩 빨라졌다. 진공관이 트랜지스터로 바뀌더니 급기야 집적 회로로 대체되었다. 지연선 메모리 대신 자기 코어 메모리가 등장하더니 그것도 집적 회로로 대체되었다. 집채만 하던 게 엄지손톱만 한 실리콘 칩으로 줄어 버릴 줄이야! 기술이 이렇게 변화되었는데도 프로세서─메모리 연결이라는 단순한 설계 방식은 전혀 바뀌지 않았다. 현대의 컴퓨터 칩을 현미경 아래 놓고 들여다보면, 지금도 여전히 칩의 한 부분은 프로세서가, 다른 부분은 메모리가 차지하고 있는 진공관으로 가득 찬 옛 컴퓨터의 흔적이 보인다. 과거와 달리 프로세서와 메모리 두 부분 모두 동일한 방법으로 동일한 실리콘 조각 위에 놓이게 되었지만, 두 부분으로 나뉜다는 것에는 변함이 없다. 초창기의 설계가 지금까지도 활용되고 있는 것이다. 프로세서 역할을 하는 실리콘 칩 부분은 여전히 그때와 마찬가지로 분주하게 작동하고 있고, 메모리 부분도 여전히 데이터를 한 번에 하나씩 찔끔찔끔 보내기는 마찬가지다.

프로세서와 메모리 사이의 데이터 흐름이 순차적 컴퓨터 (sequential computer, 순서대로 명령을 수행하는 컴퓨터—옮긴이)의 앞길을 가로막는 걸림돌이다. 매 명령 사이클마다 단 1개의 번지만을 접속하는 방식의 메모리 설계가 이런 문제를 초래한 근본적인 원인이다. 이러한 기본 설계에 집착하는 한, 컴퓨터 속도를 늘리려면 사이클 시간을 줄이는 방법밖에 없다. 수십 년 동안 스위칭 속도를 증가시키기 위해 컴퓨터의 명령 사이클 시간을 줄이려는 노력이 계속되어 왔다. 더 빠른 스위칭은 더 빠른 컴퓨터를 의미하기 때문이다.

그러나 이제는 더 이상 이 전략이 통하지 않게 되었다. 요즘에 나온 대형 컴퓨터의 속도는 전선 사이로 정보를 전송하는 데 걸리는 시간이라는 근본적인 한계에까지 도달하고 말았다. 또한 아무리 빨라도 빛의 속도가 유한하므로 한계는 자명하다(전자기파의 전송 속도는 빛의 전파 속도와 같은 초속 30만 킬로미터다.—옮긴이). 빛이 한 걸음 정도 이동하는 데 1나노초(1초의 10억 분의 1) 정도 걸린다. 현재 가장 빠른 컴퓨터의 사이클 시간이 1나노초 정도니, 프로세서 사이의 거리가 빛의 한 걸음 정도보다 더 적은 것은 결코 우연이 아니다. 기본 설계를 변경하지 않으면 더 이상 올라갈 길이 없을 정도로, 최종 한계점에 거의 도달한 것 같다.

------
### 병렬 컴퓨터와 컴퓨터 네트워크

속도를 더 높이기 위해서 요즘의 컴퓨터들은 동시에 한 번 이상의 연산을 행한다. 이것은 컴퓨터의 메모리를 분할한 다음, 그 각각을 프로세서와 연결하는 방법을 쓰면 가능하다. 그런 기계를 병렬 컴퓨터(parallel computer)라고 한다. 병렬 컴퓨터가 갖는 실질적인 장점은 프로세서의 가격이 싸고 크기가 작다는 것이다. 작은 프로세서들을 수십, 수백 심지어는 수천 개 갖다 붙여서 병렬 컴퓨터를 구성할 수 있다. 세계에서 가장 빠른 컴퓨터는 무려 수만 개나 되는 프로세서를 병렬로 연결한 것이다.

앞에서 설명했듯이 수많은 논리 블록들이 계층 구조를 이루어 컴퓨터가 구성되며 계층 구조의 아래 단계가 위 단계를 받쳐 주는 역할을 한다. 병렬 컴퓨터는 이 방식에서 한 걸음 더 나아갔다. 컴퓨터 그 자체가 하나의 논리 블록이니 말이다. 그러한 구성은 병렬 컴퓨터라고 부를 수도 있고 컴퓨터 네트워크라고 부를 수도 있다. 이 두 명칭은 명확하게 구별할 수 없을 뿐만 아니라 컴퓨터의 작동 방식보다는 사용되는 방식과 관련하여 필요할 뿐이다. 보통 병렬 컴퓨터는 한 장소에 모여 있는 반면에, 네트워크는 지리적으로 여러 곳에 분산되어 있다. 그러나 이 정의에는 예외도 많이 있다. 일반적으로 서로 협동해서 작동하는 일련의 컴퓨터는 병렬 컴퓨터라고 부르고, 연결된 컴퓨터가 개별적으로 사용되면 컴퓨터 네트워크라고 부른다.

속도를 더 향상시키기 위해서는 다수의 컴퓨터를 연결하는 방법이 반드시 필요해 보이는데도 수십 년 동안 컴퓨터 과학자들은 공통적으로 그것이 기껏해야 겨우 몇 가지 응용 프로그램에서만 제대로 작동할 수 있으리라고 여겨 왔다. 나는 범용 초대형 병렬 컴퓨터 제작이 비현실적이거나 불가능한 일이라고 주장하는 많은 사람들과 논쟁하느라 컴퓨터 연구의 초창기를 다 보냈다. 널리 퍼져 있던 이 회의적인 시각은 두 가지 오해, 즉 그렇게 되면 시스템이 너무 복잡해질 것이라는 생각과 그러한 복잡한 시스템의 구성 부분은 제대로 협동하지 못하리라는 우려에 근거하고 있었다.

과학자들은 병렬 컴퓨터의 복잡성을 과대평가하는 경향이 있는 듯했다. 그렇게 보는 까닭은 그들이 미세 전자 공학 제조 기술의 발전 속도를 과소 평가하거나 평가 절하했기 때문이다. 기술 변화가 역사상 유례 없을 정도로 빨랐으니 이런 경향을 간파하기가 어려운 것은 어쩌면 당연하다. 그렇다 보니 예상과 직관력이 변화의 속도를 따라잡기에는 역부족이었다. 1970년대 중반에 뉴욕 힐튼 호텔에서 열린 컴퓨터 관련 회의에서 강연을 하면서 나는 조금만 더 지나면 미국 전체 인구보다 더 많은 마이크로프로세서가 생산되리라는 점을 지적했다. 당시에 내 말은 지나친 억측이라고 무시당했다. 그때도 이미 마이크로프로세서가 생산되고 있었지만, 당시 사람들은 컴퓨터는 으레 큰 장롱들이 여러 개 붙어 있는 정도의 크기에 전등 불빛 같은 것이 번쩍거리는 것이라는 이미지를 갖고 있었다. 강연 후반부에 마련된 질문 시간에 청중 한 명이, 잔뜩 못마땅하다는 표정으로 이렇게 물었다. "도대체 선생님께서 말씀하시는 그런 컴퓨터가 무슨 쓸모가 있겠습니까? 세상 모든 문고리마다 컴퓨터를 설치해서 뭘 어쩌자는 말이죠?" 그때는 청중이 한꺼번에 폭소를 터뜨려 무슨 말을 해야 할지 난감했지만, 지금은 바로 그 호텔 문고리마다 출입 제어용 마이크로프로세서가 설치되어 있다. 세상은 이렇게 변했다.

병렬 컴퓨터에 회의적인 시각이 생긴 또 다른 이유는 좀 더 예리하고 설득력이 있다. 하나의 컴퓨터를 여러 부분으로 나누면 통일성을 유지하기 어렵다는 점은 잘 알려진 사실이다. 이 문제는 오늘날에도 병렬 컴퓨터의 활용을 제약하는 요소다. 그러나 요즘은 이전의 예상만큼 제약이 크지 않다는 것을 알고 있다. 어려움을 과대 평가하게 된 데에는 초창기 병렬 컴퓨터에서 겪었던 일련의 경험을 통한 선입견이 한몫을 단단히 했다. 최초의 디지털 병렬 컴퓨터는 1960년대에 두세 대의 직렬 컴퓨터를 연결하여 만들었다. 대부분의 경우 여러 프로세서가 1개의 메모리만을 공유하고 있었기 때문에, 프로세서 각자가 동일한 데이터에 접속할 수 있었다. 이러한 초창기 병렬 컴퓨터는 보통 각 프로세서마다 서로 다른 임무를 수행하도록 프로그램되었다. 예를 들면 데이터베이스 응용 프로그램의 경우, 한 프로세서가 기록을 빼내고 다른 프로세서가 통계를 작성하고 세 번째 프로세서가 결과를 출력하는 식이었다. 그 프로세서들은 일괄 작업 과정상의 각기 다른 연산을 수행했고 각자 전체 임무의 한 단계를 수행했다.

　위의 방식에는 여러 가지 비효율성이 내재되어 있었고, 프로세서의 개수가 늘어나자 비효율성도 더 커지는 듯했다. 비효율성의 한 예는 수행해야 할 임무가 몇 개의 개별적인 단계로 쪼개져 버린다는 점이다. 한 가지 임무를 수십~수백 단계로 나누는 것은 꽤나 어려운 일이다. 병렬 컴퓨터에 회의적인 어떤 사람이 어느 신문 기자에게 설명하기를, "두 명의 기자가 기사를 쓸 때, 한 명은 뉴스거리를 취재하고 또 한 명은 기사를 작성하면 좀 더 빨리 기사를 내놓을 수 있습니다. 하지만 수백 명의 기자가 이런 식으로 협동 작전을 벌인다면, 이것이야말로 사공이 많으면 배가 산으로 가는 격이 아니겠습니까?" 꽤 설득력 있는 주장이다.

　또 다른 비효율성은 한 메모리를 공유한다는 데에서 기인한다. 전형적인 메모리는 주어진 메모리 영역에서 한 번에 1개의 데이터만을 꺼낼 수 있다. 접속 속도가 갖는 이러한 한계가 시스템 전체에 병목 현상을 일으켜서 작업을 수행하는 데에 한계를 가져올 수밖에 없었다. 접속 속도에 이미 한계를 갖고 있는 각 프로세서들이 많이 연결되다 보니, 데이터를 기다리느라 시간만 허비할 뿐 시스템 효율이 증가하기는커녕 더 내려갈 지경이었다.

더군다나 프로세서 사이의 불일치가 일어나지 않기 위해서는 다른 프로세서가 참조하고 있는 데이터를 한 프로세서가 바꿀 때 매우 주의를 기울여야만 했다. 항공 예약 시스템을 예로 들어 보자. 예약 시스템의 프로세서는 좌석이 비어 있는지 확인한 다음, 예약을 한다. 두 명의 승객이 동시에 좌석을 예약하는 상황이 생겼을 때 이 일을 두 프로세서가 맡아서 하면 문제가 생길 소지가 있다. 두 프로세서 모두 어떤 한 좌석이 비어 있다고 인식하여 상대 프로세서가 예약하기 전에 동시에 같이 예약을 할지도 모른다. 이런 종류의 불상사를 방지하기 위해서는 한 프로세서가 데이터에 접속할 때 다른 프로세서들이 그 데이터에 접근하지 못하도록 차단하는 정교한 절차를 거쳐야만 한다. 이렇게 컴퓨터 메모리를 둘러싼 프로세서 끼리의 다툼이 악화되면 다중 프로세서 시스템의 속도가 단일 프로세서의 속도로까지 감소되는(심지어 단일 프로세서보다 속도가 더 떨어지는) 최악의 시나리오가 발생할 수도 있다. 이미 언급했듯이 비효율성은 프로세서의 개수가 많아질수록 더 커지기 때문이다.

마지막으로 거론할 비효율성은 훨씬 더 근본적인 데에서 연유한다. 바로 다양한 프로세서 사이에 임무를 균형 있게 배분하기가 어렵다는 점이다. 앞에서 설명했던 일괄 작업 과정에서의 프로세서들의 역할에 대해 다시 살펴보면, 연산 속도는 속도가 가장 느린 단계가 결정함을 알 수 있다. 만약 느린 연산이 딱 한 번 있다면 연산 속도는 그 한 연산 과정에 따라 정해진다. 이러한 경우에는 프로세서의 개수를 늘릴수록 시스템의 효율이 더 떨어진다고 해도 틀린 말이 아니다.

이러한 비효율성 문제를 가장 잘 공식화한 것이 '암달의 법칙'이다. 이 법칙을 알아낸 컴퓨터 설계자 진 암달(Gene Amdahl)은 1960년대에 이 법칙을 발표했다. 암달의 주장은 다음과 같다. 병렬 처리 과정에는 한 번에 한 프로세서만 수행할 수 있는 순차적인 연산 과정이 포함되어 있을 수밖에 없다. 그리고 순차적인 연산 과정이 딱 10퍼센트뿐이어도, 나머지 90퍼센트의 속도를 아무리 증가시켜도 전체적으로 볼 때 연산 속도는 10분의 1 이상 증가할 수 없다. 90퍼센트의 작업을 일사천리로 수행하고 있는 프로세서들이라고 하더라도 10퍼센트의 작업을 붙들고 끙끙대는 단 1개의 프로세서가 일을 마칠 때까지 하염없이 기다리고 있을 수밖에 없는 것이다. 이 주장대로라면 1,000개의 프로세서가 연결된 병렬 컴퓨터는 너무나 비효율적인 것이다. 왜냐하면 이 컴퓨터의 속도는 단 1개의 프로세서로 구성된 컴퓨터보다 고작 10배밖에 안 빠르기 때문이다. 6만 4000개의 프로세서를 연결해서 구성하는 초대형 병렬 컴퓨터를 처음 만들기 위해 기금을 모으고 있을 때, 계획 막바지에 줄기차게 듣던 질문이 "설마 암달의 법칙을 모르시지는 않겠죠?"였다.

물론 내가 암달의 법칙을 모를 리가 있겠는가!  그리고 솔직히 그 논리에는 아무런 결점도 없다. 하지만 자세히 증명은 못하지만 확실히 알고 있는 한 가지는 암달의 법칙이 내가 해결하려는 문제에는 적용되지 않는다는 사실이다. 내가 이렇게 확신하는 까닭은 내가 풀려는 문제가 대단히 병렬적인 컴퓨터라고 할 수 있는 인간의 뇌에서 이미 해결된 문제이기 때문이다.

나는 MIT의 인공 지능 연구소의 학생이었고 생각할 수 있는 기계를 만들기를 원했다. 1974년에 대학원 신입생으로 MIT의 인공 지능 연구소를 처음 방문했을 때, 인공 지능(AI) 분야는(세상에 알려진 대로) 폭발적으로 성장하고 있었다. 평이한 영어로 작성된 단순한 명령을 수행할 수 있는 첫 프로그램이 개발 중이었던지라, 인간의 말을 알아듣는 컴퓨터의 출현이 거의 초읽기에 들어간 듯한 분위기였다. 그 당시에 이미 체스 같은 게임에서 컴퓨터가 사람을 능가하고 있었는데, 몇 년 전까지만 해도 사람들은 체스는 컴퓨터가 해 내기에는 너무나 복잡하다고 여겼다. 인공 시각 시스템들은 선이나 물건의 형태 같은 단순한 대상을 인식하고 있었다. 컴퓨터는 심지어 미적분학 시험에 합격하고 IQ 테스트에 나오는 간단한 추론 문제도 척척 풀어냈다. 범용 기계의 '지능'은 정말 대단해 보였다.

하지만 몇 년 후 졸업반이 되어 그 실험실에 참여했을 무렵에는 문제가 좀 더 어려워졌다. 처음에 보였던 그 성능이 전부였음이 드러난 것이다. 온갖 새로운 이론과 막강한 방법이 개발되었지만 좀 더 크고 복잡한 문제에서는 전혀 통하지 않았다. 컴퓨터 속도의 한계는 그 문제에 그다지 큰 영향을 미치는 요인이 아니다. 인공 지능 연구자들이 밝혀낸 바에 따르면 데이터양을 더 늘리는 쪽으로 실험을 진행해도 성과가 늘지 않았다. 왜냐하면 안 그래도 느린 상황에서 데이터를 더 늘리면 속도만 더 느려질 뿐이었다. 단 1개의 대상을 인식하는 데에도 몇 시간이나 걸리는 상황에서 한 무더기의 대상을 인식시키려고 애쓰고 있었으니 그 당시 연구자들의 고충을 짐작하고도 남을 것이다.

당시 컴퓨터가 한 번에 하나의 일을 처리하는 직렬성에 바탕을 두고 있으니 느릴 수밖에 없었다. 그림을 볼 때 픽셀마다 하나하나씩 보아야 했다. 이와 반대로 뇌는 전체 이미지를 단번에 알아보고 자기가 이미 알고 있는 이미지와 같은지를 단번에 파악할 수 있다. 이런 까닭으로 인해 인간의 시각 시스템을 구성하는 신경 세포의 속도가 컴퓨터를 구성하는 트랜지스터보다 훨씬 느린데도, 사물을 인식하는 능력은 컴퓨터보다 인간이 더 우수하다. 설계가 성능을 결정하는 것이다. 이러한 연구 결과에 영향을 받아서 다른 많은 연구자와 마찬가지로 나도 병렬 컴퓨터 설계 방법을 모색하게 되었다. 수백만 개의 연산을 동시에 일관성 있게 처리하고 인간의 뇌보다 병렬성이 더 뛰어난 컴퓨터를 향한 열정! 내가 알기로는 인간의 뇌는 느린 요소들로 구성되어 있으면서도 빠른 연산을 수행할 수 있으니 암달의 법칙이 통하지 않는 경우에 해당했다.

암달의 주장에 어떤 결점이 있었는지 이제 와서야 이해하게 되었다. 연산 부분 가운데 10퍼센트 정도는 직렬일 수밖에 없다는 그 가정에 오류가 숨어 있었다. 이 판단은 그럴듯해 보이지만 대부분의 대형 컴퓨터에는 해당되지 않음이 판명되었다. 병렬 프로세서가 사용되는 방식을 오해한 데서 올바르지 못한 직관이 생겨난 것이다. 문제의 핵심은 계산 임무를 프로세서 사이에 분배하는 방법을 찾는 일이었다. 처음에는 각 프로세서에 각각 다른 일을 맡기는 방법이 최상인 듯했다. 이 계획은 어느 정도까지는 통했지만, (앞서 신문 기자와 관련한 분석에서 이미 제시되었듯이) 한 직업을 여러 명에게 분배할 때 생기는 골치 아픈 문제와 같은 어려움을 겪었다. 원활한 협동이 필요한 상황에서 통일성의 붕괴라는 문제가 나타났다. 프로그램을 쪼개서 컴퓨터를 프로그래밍하는 일은 많은 사람이 한 팀을 이루어 벽에 그림을 그리는 일과 비슷하다. 한 사람은 페인트 뚜껑을 열고, 또 한 사람은 벽에 묻은 이물질을 떼 내고, 또 다른 한 명은 페인트를 칠하고 또 한 명은 붓을 씻는다. 이와 같이 기능별로 나누는 데에는 고도의 조정 작업이 필요하고 어느 정도 이상의 사람이 모이게 되면 일의 진척에 전혀 도움이 안 된다.

병렬 컴퓨터를 좀 더 효율적으로 작동시키기 위해 각 프로세서마다 데이터의 각기 다른 부분에서 비슷한 작업을 수행하도록 했다. 소위 이러한 데이터 병렬 분할(data parallel decomposition) 기법은 울타리에 페인트를 칠할 때 각 작업자가 구역을 나누어 칠하는 방식과 같다. 울타리에 페인트를 칠할 때처럼 모든 작업을 손쉽게 나눌 수는 없지만, 고도의 연산을 필요로 하는 작업에서 이 방법은 놀라울 정도로 잘 통한다. 예를 들면 영상 처리 작업에서는 각 프로세서마다 작은 이미지 조각을 담당하게 해 줌으로써 일관성을 유지한 채 일을 나눌 수 있다. 체스와 같은 검색 문제는 각 프로세서가 각기 다른 경우의 수를 동시에 검색하는 방법을 통해서 효율적으로 나누어 처리할 수 있다. 이렇게 하면 속도의 증가는 프로세서의 개수와 거의 비례한다. 따라서 프로세서가 많아질수록 속도가 더 빨라진다. 작업을 알맞게 나누고 다시 그 결과를 통합하는 데 여분의 시간이 들지만, 작업량이 크면 클수록 연산이 훨씬 더 효율적으로 진행된다. 수만 개의 프로세서로 이루어진 병렬 컴퓨터에서도 그러하다.

앞에서 설명한 연산은 두 말할 것도 없이 병렬 실행이 가능하도록 분할할 수 있는 작업이지만, 데이터 병렬 분할은 좀 더 복잡한 작업일 때에도 잘 통한다. 병렬 처리를 통해 효과적으로 다루기 어려운 문제는 매우 드물다. 심지어 대부분의 사람들이 본질적으로 순차적이라고 여기는 문제조차도 병렬 컴퓨터에서 효과적으로 해결할 수 있다. 그러한 예로 사슬 쫓기 문제가 있다. 단서를 차례로 쫓아가면서 하는 보물찾기 놀이가 사슬 쫓기 문제에 바탕을 두고 있다. 아이들에게 다음 단서가 어디에 있는지에 관한 단서가 적힌 종이 쪽지를 준다. 보물을 찾을 때까지 그 다음 단서를 계속 쫓아간다. 이 놀이를 컴퓨터 식으로 바꾸면, 다른 번지의 주소를 담고 있는 메모리 안의 어떤 번지 주소를 프로그램의 입력으로 받아들인다. 그 번지는 또 다시 다른 번지의 주소를 담고 있는 식이다. 결국 최종 주소가 그 사슬의 마지막임을 가리키는 특수 워드(word)를 담고 있는 메모리 번지를 지정해 준다. 첫 번째 주소를 보고 최종 주소를 찾는 것은 쉬운 문제가 아니다.

언뜻 보기에 사슬 쫓기 문제는 본질적으로 순차적 연산의 상징처럼 보인다. 왜냐하면 사슬의 최종 번지를 찾으려면 어쩔 수 없이 전체 사슬에 연결되어 있는 바로 다음 번지를 찾아야만 하기 때문이다. 두 번째 번지를 찾으려면 첫 번째를 찾아야 하고, 세 번째를 찾으려면 두 번째를 찾아야 하고 계속 이렇게 진행된다. 하지만 그 문제를 병렬적으로 해결할 수 있음이 증명되었다. 100만 개의 프로세서로 연결된 병렬 컴퓨터가 마침내 스무 단계만에 100만 개의 주소로 이루어진 사슬에서 최종 번지를 찾아내는 데 성공했다.

　해결의 열쇠는 5장에서 나왔던 정렬 알고리듬에서 사용된 방식과 약간 비슷하게, 매 단계마다 절반씩 그 문제를 나누는 방법이다. 100만 개의 메모리 번지 각각에 프로세서가 할당되어 있고 그 프로세서가 다음 프로세서에 메시지를 전송한다고 가정해 보자. 사슬의 마지막 번지를 찾으려면 모든 프로세서 각자가 연결 사슬의 다음에 있는 프로세서, 즉 앞 프로세서의 메모리 번지에 주소가 담겨 있는 다음 프로세서에게 자신의 주소를 보내면 된다. 이렇게 하면 각 프로세서는 바로 다음 프로세서의 주소뿐만 아니라 바로 앞 프로세서의 주소도 알게 된다. 프로세서는 이 정보를 이용하여 다음 프로세서의 주소를 이전 프로세서에게도 전송한다. 그렇다면 각 프로세서는 사슬의 두 단계 앞까지의 프로세서의 주소를 알고 있으니까, 첫 프로세서와 마지막 프로세서를 연결하는 사슬은 길이가 원래의 절반으로 줄어들게 된다. 이와 같이 줄이는 방법이 계속되면 한 번 반복할 때마다 사슬의 길이가 반으로 준다. 감소 단계가 20번 반복되고 나면, 100만 개와 연결된 사슬의 첫 프로세서가 마지막 프로세서의 주소를 알게 된다. 이와 유사한 방식을 본질적으로 순차적인 것처럼 보이는 많은 다른 일에도 적용할 수 있다.

이 책을 쓰고 있는 지금도 병렬 컴퓨터는 여전히 비교적 생소한 분야고, 위에 언급한 문제 이외에도 많은 프로세서를 연결하여 효과적으로 분할할 수 있는 다른 유형의 문제가 존재하는지조차 아직 제대로 파악되지 않았다. 경험에서 나온 규칙에 따르면 대량의 데이터가 관여된 문제에 병렬 컴퓨터가 잘 적용되는 듯하다. 그까닭은 데이터양이 크면 클수록 프로세서가 맡을 유사한 문제가 많아지기 때문인 것으로 짐작된다.

대부분의 연산이 작은 부분 연산으로 일관성 있게 나뉠 수 있는 한 가지 이유는 그것이 실제 세계의 물리 법칙에 근거를 두고 있기 때문이다. 실제 세계가 병렬로 작동하듯 물리 법칙에 근거한 연산도 병렬로 작동될 수 있다. 예를 들어 컴퓨터 그래픽 영상은 물질의 표면에서 반사되는 빛의 물리 과정을 시뮬레이션하는 알고리듬을 사용하여 합성할 수 있다. 어떤 물체에서 사람의 눈에 도달하기까지 각 광선들이 물체 표면과 표면 사이에서 반사되는 과정을 계산한 결과를 이용하여 물체의 모양을 수학적으로 기술하여 그림을 그린다. 빛의 반사가 실제 세계에서 동시에 진행되기 때문에 광선에 대한 계산도 동시에 진행될 수 있다.

병렬 컴퓨터에 잘 들어맞는 연산의 전형적인 예는 기후 예측에 이용되는 대기 시뮬레이션이다. 대기의 상태를 표현하는 3차원 수치 배열은 3차원 물리 공간과 유사하다. 각 수치는 특정한 부피의 공기에 대한 물리적 파라미터를 나타내는 값이다. 한 변의 길이가 1킬로미터인 대기로 이루어진 정육면체가 갖는 압력이 이 파라미터의 한 예가 될 수 있다. 평균 기온, 압력, 풍속 및 습도를 나타내는 몇 가지 수치로 이 정육면체들 각각을 표시할 수 있다. 그러한 정육면체에 든 공기의 파라미터가 어떻게 변화해 나갈지 예측하려면 정육면체 사이에서 공기가 어떻게 흐르는지를 계산하면 된다. 예를 들어 빠져나가는 공기보다 흘러들어오는 공기의 양이 많으면 정육면체 안의 압력은 증가한다. 컴퓨터는 또한 햇빛의 세기나 증발량 같은 요소로 인해 발생하는 여러 변화들을 계산한다. 대기 시뮬레이션은 일련의 연속적인 단계로 계산되는데 각각의 단계는 시간의 미소한 증가 부분, 예를 들면 30분 정도에 해당된다. 그러므로 배열 구간 사이의 시뮬레이션된 공기와 수증기의 흐름은 기후 패턴의 실제 공기와 수증기의 흐름에 비유될 수 있다. 그 결과로 컴퓨터에 물리 법칙에 따라 행동하는 일종의 3차원 동영상이 존재하게 된다.

　이 시뮬레이션의 정확도는 해상도와 3차원 영상의 정확도에 따라 달라지기 때문에 기후 예측이 잘 들어맞지 않는다는 온갖 비난이 오랫동안 끊이지 않았다. 기후 모델의 해상도가 높아지고 초기 조건들을 좀 더 정확하게 측정할 수 있으면 예측이 좀 더 잘 들어맞을 테지만, 아주 뛰어난 해상도라도 오랜 기간에 걸쳐 완벽하게 예측할 수는 없다. 왜냐하면 대기의 초기 조건을 매우 정확하게 측정하는 것은 불가능하기 때문이다. 룰렛 게임과 마찬가지로 기후 시스템도 카오스 현상이기 때문에 초기 조건이 조금만 변해도 출력값이 의미심장하게 변화된다. 병렬 컴퓨터에서 각각의 프로세서는 매우 작은 지역에 대한 기후 예측을 담당한다. 바람이 한 지역에서 다른 지역으로 이동할 때 그 두 지역을 담당하는 두 프로세서들은 서로 통신을 한다. 지리적으로 멀리 떨어진 지역을 모델링하는 프로세서들은 거의 독립적으로 병렬 연산을 수행한다. 각 지역의 기후는 거의 독립적이라고 볼 수 있기 때문이다. 연산 과정은 국소적이면서 또한 동시적인데, 기후를 지배하는 물리 법칙 자체가 그렇기 때문이다.

　　기후 시뮬레이션이 분명히 물리 법칙에 관련되어 있는 반면에, 다른 많은 연산들이 실제 물리 세계와 맺는 관련성은 언뜻 보기에는 포착하기 힘들다. 예를 들면 전화(그리고 전화를 이용하는 고객들)

가 실제 세계에서 독립적으로 작동하기 때문에 전화 요금 계산은 동시적이다. 병렬 컴퓨터에서 어떻게 풀면 효과적일지 모르는 문제는 단지 시간이 경과함에 따라 문제의 규모가 커지는 그런 유형들뿐이다. 지구 궤도의 미래에 관한 문제도 이러한 예의 하나다(원래 컴퓨터라는 수학적 도구가 만들어진 것도 이 문제를 해결하기 위한 것이었다.).

태양계 행성들의 궤도는 태양과 아홉 행성 사이의 운동량과 중력 상호 작용이라는 엄밀히 정의된 규칙에 따라 발생한 결과다(복잡성을 제거하기 위해 달이나 소행성과 같은 작은 물체의 영향은 무시하기로 한다.). 이 문제 해결에 필요한 모든 정보는 9개의 요소로 표현되므로 데이터양이 그리 많은 것은 아니다. 이 문제를 해결하는 것이 어려운 이유는 수십억 개의 미소 시간대마다 그 행성들의 위치를 연속적으로 계산해야만 계산이 제대로 이루어진다는 것이다. 수백만 년 후의 행성들의 위치를 알 수 있는 유일한 방법은 현재와 그 시점 사이의 각 미소 시간 간격마다의 행성들의 위치를 일일이 다 계산하는 방법밖에 없다. 사슬 쫓기 놀이에서 사용된 방식과 같은 그런 해결법이 있는지 나로서는 알 길이 없다. 그리고 내가 아는 한 궤도 문제가 순차적이라고 증명한 사람도 없다. 여전히 미해결 상태로 남아 있는 문제다.

고도의 병렬 컴퓨터가 요즘 들어서는 꽤 일반화되었다. 고도의 수치 계산(기후 시뮬레이션과 같은)에 주로 사용되거나 신용 카드 거래 결과부터 영업 자료들을 추출하는 일 같은 대형 데이터베이스 계산에도 사용된다. 병렬 컴퓨터는 개인용 컴퓨터와 똑같은 부품들을 모아서 만들기 때문에 시간이 흐를수록 더 값이 싸지고 더 대중화될 전망이다. 오늘날의 병렬 컴퓨터 중에서 가장 흥미로운 것은 순차적 컴퓨터들을 네트워크로 연결하다가 우연히 만들어진 인터넷이다. 이 전 세계적인 컴퓨터 네트워크는 많은 사람들에게 여전히 주요 통신 수단으로 쓰이고 있다. 인터넷에서 컴퓨터들은 대부분 오직 사람에게만 의미 있는 데이터(예를 들면 전자 우편)만 저장하고 전송하는 중계자 역할을 한다. 분명 언젠가는 이런 역할이 바뀌리라 예상된다. 이 컴퓨터들이 데이터뿐만 아니라 프로그램도 상호 교환하도록 해 주는 기준들이 이미 나타나기 시작했다. 인터넷의 컴퓨터들이 상호 협동해서 작동하면 잠재적인 계산 능력이 이전에 있었던 어느 개별 컴퓨터들보다 훨씬 더 뛰어날 것이다.

결국에는 인터넷이 성장하여 전화 시스템, 자동차 및 간단한 가정용 자동화 기기를 포함할 때가 틀림없이 온다. 그러한 기계들은 사람의 중계를 거치지 않고 실제 세계에서 곧바로 입력을 받아들인다. 인터넷에서 얻을 수 있는 정보가 더 풍부해지고 연결된 컴퓨터 사이에 일어나는 상호 작용의 종류가 더 다양해짐에 따라, 앞으로는 지금까지 명시적으로 프로그래밍된 어떤 시스템보다 더 창발적인 행동 특성을 나타내는 시스템이 출현하리라고 예상된다 (창발(emergence)이란 하위 구성 요소에서는 나타나지 않는 행동 특성이 상위 전체 구조에서는 돌연히 나타나는 현상을 말한다. 예를 들면 느린 뉴런들의 집합에 불과하다고 할 수 있는 뇌에서 창조적인 사고를 하는 성질이 만들어진 게 창발에 해당한다.—옮긴이). 사실 인터넷은 벌써부터 창발적 행동의 조짐을 보이고 있다. 그러나 지금까지는 컴퓨터 바이러스의 창궐이나 예기치 못했던 메시지의 전파 같은 아주 사소한 성과들뿐이었다. 네트워크의 컴퓨터들이 전자 우편 대신에 프로그램을 상호 교환하기 시작하면 인터넷은 네트워크라기보다 병렬 컴퓨터처럼 행동하지 않을까? 인터넷의 돌발적 행동이 앞으로 얼마나 흥미진진할지 벌써부터 궁금하다.

**8**
**학습하고
적응하는 컴퓨터**

**지금까지 논의한 컴퓨터들은** 프로그래머가 제공하는 고정된 규칙에 따라 작동하는 것들이었다. 이 컴퓨터들은 스스로 새로운 규칙을 알아내거나 일단 받아들인 규칙을 향상시킬 수는 없다. 체스를 두는 프로그램은 프로그래머가 손질해 주지 않는 한, 게임을 아무리 여러 번 반복해도 매번 똑같은 실수를 반복해서 저지른다. 그런 점에서 볼 때, 컴퓨터는 완전히 예측 가능한 대상이다. 즉 "컴퓨터는 오직 프로그램대로만 작동한다." 이것이 바로 '인간 대 기계'라는 주제의 논쟁에서 인간 옹호자들이 줄기차게 주장하는 점이다.

하지만 모든 소프트웨어가 그처럼 단순 복종형인 것은 아니다. 경험을 하면 할수록 점점 더 나아지는 프로그램을 만들 수도 있다. 그와 같은 프로그램으로 작동하게 되면 컴퓨터는 실수를 통해 배울 수 있고 자신의 오류를 스스로 고칠 수도 있다. 이를 실현할 수 있도록 하는 원리는 바로 되먹임(feedback, 피드백이라고도 한다.)이다. 되먹임에 바탕을 둔 시스템은 모두 아래 세 가지 정보를 필요로 한다.

1. 바라는 상태가 무엇인가? (목표)
2. 현재 상태와 목표 상태의 차이는 무엇인가? (오류)
3. 현 상태와 목표 상태의 차이를 줄이려면 어떤 조치를 취해야 하는가? (반응)

되먹임 시스템은 목표를 달성하기 위해서 발생하는 오류에 따라 적절히 반응을 조절한다. 되먹임 시스템의 가장 단순하면서도 친숙한 사례는 학습 시스템이 아니라 제어 시스템이다. 가정용 온도 조절기가 그 좋은 예다. 이 되먹임 시스템에 발생할 수 있는 오류는 딱 두 가지며 나타낼 수 있는 반응도 두 가지다. 목표는 특정한 온도를 유지하는 일이며, 온도가 너무 높거나 낮아지는 것이 두 가지 가능한 오류다. 그에 따른 반응은 이미 내장되어 있다. 온도가 너무 낮으면 보일러를 점화시키는 반응을 하고, 온도가 너무 높으면 보일러를 끄는 반응을 한다. 온도 조절기가 할 수 있는 일이라고는 보일러를 켜거나 끄는 일뿐이므로, 그에 따른 반응은 오류의 정도와는 아무런 관련이 없다(바로 이것이 우리 집 식구들에게 늘 설명하는 내용인데, 모두들 집이 춥다 싶으면 온도 조절기를 90도에 이르기까지 계속해서 켜고 또 켜야 한다고 우긴다. 어쨌든 빨리 온도를 올리고 싶은 마음에 그러는 줄은 이해하지만, 아무 소용이 없는 방법이다. 온도 조절기는 단지 보일러를 켤 수만 있을 뿐, 온도를 계속 올릴 수는 없으니 말이다.).

　하지만 원리상으로는 가정용 온도 조절기가 오류에 비례해서 반응하지 못할 이유는 없다. 보일러를 켜거나 끄는 대신에 출력을 조절하는 방법을 쓰면 가능하다. 그런 장치는 물론 더 복잡하고 비싸겠지만, 분명히 온도를 일정하게 유지해 줄 것이다. 오늘날 그러한 비례 제어형 온도 조절은 정교한 산업 공정 제어 시스템에 사용되고 있다.

　비례 제어를 이용하는 또 하나의 예로 비행기를 조종하는 자동 항법 시스템이 있다. 이 경우에는 비행기를 정해진 방향으로 계속 향하도록 유지하는 일이 목표다. 나침반과 같은 방향 탐색 장치는 비행기가 날아가는 방향에 오류가 있는지를 측정한다. 자동 항법 장치는 오류의 크기와 방향에 비례하여 비행기의 방향키 위치를 조정한다. 원래 궤도에서 약간 벗어날 때에는 방향키의 위치 역시 조금만 변하지만, 바람의 방향이 바뀌어 급격한 궤도 이탈이 생기면 방향키의 위치도 크게 변한다. 만약 자동 항법 시스템이 비례 제어를 이용하지 않고 가정용 온도 조절기를 다루듯 방향키를 계속 왼쪽이나 오른쪽으로 돌린다면, 비행기는 위험하기 짝이 없을 정도로 불안정하게 앞뒤로 흔들릴 수밖에 없다.

이러한 모든 되먹임 시스템에서 오류와 반응 사이의 관계는 고정되어 있다. 반응의 민감도는 제어 시스템을 설계할 때 미리 정해진다. 하지만 시간이 경과함에 따라 시스템의 반응이 '적응'되어 나가는 훨씬 더 뛰어난 되먹임 시스템도 설계할 수 있다. 이 경우에는 첫 번째 되먹임 시스템의 파라미터들이 두 번째 되먹임 시스템에 의해 조절된다. 두 번째 되먹임 시스템이 시간의 흐름에 따라 적응해 나가고 성능이 더 향상된다면, 이 시스템은 제어에 필요한 파라미터들을 '학습'했다고 말할 수 있다.

사람이 비행기 조종법을 배우는 상황을 예로 들어 보자. 대부분의 조종사 지망생은 처음에는 방향키를 너무 크게 조정한다. 즉 오류에 대해 너무 크게 반응하는 것이다. 조종사는 온도 조절기처럼 비행기가 왼쪽으로 너무 치우치면 오른쪽으로 틀고, 오른쪽으로 너무 치우치면 왼쪽으로 튼다. 방향키 돌리기와 비행기가 그에 따라 반응을 보이기까지는 시간 지연이 있기 때문에 시스템은 이리저리 흔들리기 시작한다. 조종사는 방향키를 오류에 비례해서 적절히 움직이는 방법을 배워야 하며 그렇게 하려면 반응의 민감도를 조절할 수 있어야 한다. 조종사는 이 파라미터를 또 다른 되먹임 시스템을 통해 배우게 되는데, 이 경우 되먹임 시스템의 목표는 비행기를 진동 없이 제 궤도에 유지시키는 일이며, 그 진동의 정도가 오류에 해당된다. 조금 전의 기본 되먹임 시스템이 나타내는 반응의 정도를 조절하는 일이 이 되먹임 시스템의 반응에 해당한다. 즉 비행기의 진행 방향에서 나타난 각도의 오류를 올바르게 수정하기 위해 방향키를 움직이는 정도를 조절하는 과정이 이 되먹임 시스템의 반응이라는 뜻이다. 조종사의 첫 번째 기본 되먹임 시스템이 진동할 때마다 그 조종사는 반응의 정도를 줄인다. 비행기가 궤도를 조금씩 벗어나려 할 때에는 반응의 정도를 증가시킨다. 일단 조종사가 민감도에 감을 잡고나면, 비행기도 진동 없이 제 궤도에 유지시킬 수 있게 된다.

　여기 소개한 대로 파라미터를 조절하기 위해서 이중의 되먹임 시스템을 이용하는 자동 항법 장치를 만들 수 있다. 이 경우에 자동 항법 장치는 비행기를 조종하는 법을 인간 조종사처럼 '학습'한다고 말할 수 있다. 내가 아는 한 그러한 적응형 자동 항법 장치가 실제 비행기에서 사용되고 있지는 않지만, 사용한다면 나름의 장점이 있으리라고 본다. 그 비행기가 반응 능력에 변화를 초래할 수 있는 어떤 손상을 입었을 때, 자동 항법 장치는 이 새로운 상황에 적응할 수 있다. 더구나 방향키와 제어 모터와의 연결이 뜻하지 않게 반전되더라도, 오른쪽으로 틀라는 신호를 왼쪽으로 틀도록 함으로써 상황에 적응할 수 있다. 사람 조종사와 마찬가지로 자동 항법 장치가 그와 같은 급격한 상황 변화에 적응하려면 꽤 많은 시간이 필요하다.

------

**컴퓨터 훈련시키기**

되먹임이라는 이 기본적인 개념은 모든 학습 시스템의 핵심 요소다. 비록 자동 항법 장치보다 더 복잡한 형태로 구성되어서 탈이지만 말이다. 컴퓨터 프로그램에서 되먹임은 종종 '사례 도움형 훈련' 과정에서 주요한 역할을 담당한다. 훈련 학습 시스템에서 사용되는 고전적인 사례로는 인공 지능 분야의 선구자 패트릭 윈스턴(Patrick Winston)이 작성한 프로그램이 있다. 이 프로그램은 '아치 모양'(활처럼 가운데 부분이 위로 솟아 있고 가장자리 부분이 아래로 내려와 있는 모양——옮긴이)과 같은 개념에 대한 정의를 교습자가 제공하는 일련의 긍정과 부정 사례를 통해 배운다. 윈스턴의 프로그램은 블록 더미를 그린 단순한 선들을 보면서 새로운 개념을 배워 나간다. 그 프로그램은 그러한 그림들을 분석하여 블록 더미에 대해 '서로 붙어 있는 2개의 정육면체가 삼각기둥을 떠받치고 있는 모양'과 같은 상징적인 묘사를 할 수 있다. 교습자는 프로그램에게 아치 모양을 이루는 몇 개의 블록 구성과 아치 모양을 이루지 않는 블록 집합을 보여 주면서 어느 것이 '아치 모양'에 해당하고 어느 것이 그렇지 않은지를 알려 준다. 본래 그 프로그램에는 '아치 모양'에 대한 개념 정의가 없지만, 그러한 긍정과 부정 사례들을 계속 봄으로써 차츰 개념을 파악하기 시작한다. 프로그램에게 새로운 사례를 보여 줄 때마다, 잠정적으로 파악된 개념 정의를 새로 접한 사례와 대조하면서 검증해 본다. 만약 그 정의가 긍정 사례를 충분히 뒷받침하거나 부정 사례에 해당하는 것이 아니면 프로그램은 기존 개념 정의를 수정하지 않는다. 만약 정의에 오류가 있으면 사례에 맞도록 수정한다.

　그 프로그램이 몇 가지 예를 통해서, '아치 모양'의 정의를 어떻게 배워 나가는지를 지금부터 간략히 설명하고자 한다. 프로그램에게 보여 준 첫 번째 예가 똑바로 서 있는 두 직각기둥이 삼각기둥을 떠받치고 있는 그림 25의 A와 같은 긍정 사례라고 가정해 보자. 우선 프로그램은 아치의 정의를 형성하는 초기 추측을 하게 된다. 앞으로 나올 사례들을 통해 정밀하게 가다듬으면 되기 때문에, 초기 추측은 반드시 정확할 필요는 없다. 그 프로그램이 초기 추측으로써 그림 25의 A의 형태를 이용하여 '아치란 2개의 직각기둥 블록과 삼각기둥 블록이다.'라고 정의했다고 가정하자. 프로그램에게 보여 준 두 번째 사례는 똑같이 생긴 블록들(예를 들어 삼각기둥이나 직각기둥 등 동일한 모양의 블록 여러 개)을 모두 눕혀 놓은 것이다 그림 25의 C. 이것은 아치 모양이 아닌 사례, 즉 부정 사례에 해당한다. 프로그램 초기의 잠정적 정의가 이 부정 사례를 아치 모양과 동일시하려고 한다면, 첫 번째 사례를 통해 세운 첫 번째 정의를 수정하도록 한다. 정의와 사례 사이의 차이를 파악함으로써 프로그램은 이 일을 수행하며 정의에 제한을 가하기 위해 그 차이를 이용한다. 이 경우에 차이란 블록들의 관계에서 생기므로, 향상된 정의

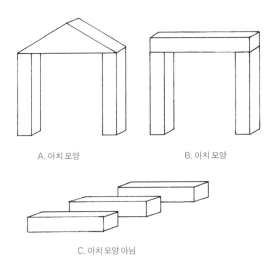

A. 아치 모양                    B. 아치 모양

C. 아치 모양 아님

**그림 25**
아치 모양에 대한 긍정 사례와 부정 사례들

에는 '아치 모양이란 수직으로 서 있는 직각기둥 2개가 하나의 삼각기둥을 떠받치고 있는 모양이다.'라는 블록 간의 관계도 포함시키게 된다. 그럼 이제 프로그램을 훈련시키는 사람이 또 하나의 긍정 사례그림 25의 B를 제공한다고 가정해 보자. 이 예는 꼭대기에 삼각기둥 블록 대신에 직각기둥 블록을 사용한다. 학습 단계에서의

정의는 이러한 긍정 사례가 포함될 만큼 충분히 넓은 정의가 아니기 때문에, 프로그램은 '아치 모양'의 정의를 일반화시키면서 다른 모양도 받아들인다.

이 사례들과 다른 몇 가지 사례들을 보여 주고 나면 프로그램은 아치 모양에 대해 다음과 같은 정의에 도달한다. '서로 맞닿지 않은 2개의 수직 블록에 의해 지탱되는 다면체'. 정의의 각 요소는 몇 번의 실수를 통해 배운 내용이고, 그때마다 정의는 적절히 수정되었다. 일단 올바른 정의에 도달하고 나면, 더 이상 실수를 저지르지 않고 정의를 그대로 유지한다. 그러고 나면 비록 이전에 본 적이 없는 특정한 블록 집합이라 할지라도, 아치 모양을 보여 주면 올바로 식별할 수 있게 된다. 드디어 '아치 모양'이라는 개념을 제대로 배운 셈이다.

------

**뉴런 네트워크**

윈스턴의 프로그램에서는 '아치 모양'의 개념은 배우는 것이지만, '맞닿음', '삼각 블록', '지탱' 같은 개념은 원래부터 프로그램에 내장되어 있다. 그 프로그램이 접하는 세계는 블록 더미들로 표현되도록 특별하게 설계되었다. 좀 더 일반적이고 보편적인 표현법을 찾던 많은 연구자들은 뇌의 생물학적 뉴런 네트워크와 유사한 구조를 갖는 컴퓨터 시스템에 주목하게 되었다. 그러한 시스템을 인공 뉴런 네트워크(artificial neural network)라고 부른다.

　뉴런 네트워크는 인공 뉴런을 시뮬레이션한 네트워크다. 어떠한 종류의 컴퓨터에도 이 시뮬레이션이 실행될 수 있지만, 인공 뉴런은 동시에 작동하기 때문에 병렬 컴퓨터로 실행시키기에 가장 바람직하다. 각 인공 뉴런은 하나의 출력과 많은 수의 입력, 아마도 수백~수천 개의 입력을 갖는다. 가장 흔한 유형의 뉴런 네트워크에서 뉴런 사이의 신호는 이진, 즉 1 또는 0으로 이루어져 있다. 한 뉴런의 출력은 다른 많은 뉴런의 입력과 연결될 수 있다. 각 입력에는 가중치(weight)라고 불리는 그 입력과 관련된 수치가 있는데, 이 수치는 그 입력이 뉴런의 단일 출력에 얼마만큼의 영향을 미치는지를 나타내는 값이다. 가중치는 양수, 음수를 포함한 어떠한 수라도 상관없다. 따라서 뉴런의 출력은 가중치에 따라 영향력이 달라지는 입력 신호들의 전체적인 표결에 의해 결정된다. 각각의 입력 신호에 대해 그 입력 신호와 그 가중치를 곱한 값을 얻고, 이러한 값들을 전부 더한 총합이 뉴런의 출력이다. 즉 다시 말하면

1이라는 신호를 받은 모든 입력의 가중치를 더한 값이 출력이 된다. 그 총합이 특정 임계치에 도달하면 출력은 1, 그렇지 않으면 0이 된다.

인공 뉴런의 기능은 뇌에 있는 몇몇 유형의 진짜 뉴런의 기능과 거의 일치한다. 실제 뉴런에도 1개의 출력과 많은 입력이 있고 시냅스라는 입력 연결단은 서로 다른 강도(서로 다른 입력 가중치에 해당됨.)를 갖는다. 신호는 가중치가 양의 값이냐 음의 값이냐에 따라 뉴런의 작동을 촉발시키거나 억제시키며, 입력 자극의 총합이 어떤 임계치 이상이면 뉴런을 작동시키게 된다. 이런 점에서 보면 인공 뉴런도 실제 뉴런과 유사하다. 실제 뉴런이 여러 가지 면에서 인공 뉴런보다 더 복잡한 것은 사실이지만, 이 단순한 인공 뉴런만으로도 학습 능력을 지닌 시스템을 구축하기에 충분하다.

무엇보다도 주목할 점은 인공 뉴런이 AND, OR 및 인버터 연산을 수행하는 데 이용될 수 있다는 사실이다. 임계치가 1이고 각 입력 가중치가 1 이상이면 뉴런은 OR 함수를 구현한다. 임계치가 가중치의 합과 동일한 뉴런은 AND 함수를 구현한다. 음의 가중치를 갖는 단 하나의 입력의 임계치(출력이 나오게 하는 입력의 최소값. 임계치가 높을수록 출력이 나오게 하기 위해 더 높은 입력을 가해야 한다.—옮긴이)

가 0이라면 인버터 함수를 구현하게 된다. 어떤 논리 블록도 AND, OR 및 인버터 함수를 조합하여 구성할 수 있기 때문에, 뉴런 네트워크도 불 함수를 구현할 수 있다. 인공 뉴런도 보편적인 구성 블록인 셈이다.

인간의 뇌가 작동하는 방식은 자세히 알려져 있지 않지만, 뇌의 어떤 부분은 뉴런과 뉴런을 연결하는 시냅스의 강도를 수정함으로써 새로운 정보를 배우리라고 추정된다. 좀 더 하등한 생물, 예를 들어 바다달팽이에 대해 행해진 실험에서도 이 점을 확인할 수 있다. 바다달팽이에게 어떤 조건에 따라 반응하도록 가르칠 수 있으며, 그들은 뉴런 사이의 시냅스 강도를 변화시켜서 반응을 학습하는 것으로 밝혀졌다. 인간의 학습 과정도 동일한 방식으로 진행된다고 가정하면, 독자들도 이 책을 읽을 때 뇌의 시냅스 연결을 조절하고 있을지 모른다(나의 희망 사항임!).

인공 뉴런 네트워크는 연결의 가중치 변화를 통해 '배울 수' 있다. 이에 대한 좋은 예가 학습을 통해 사물의 형태를 인식하는 퍼셉트론(perceptron)이라는 단순한 유형의 뉴런 네트워크다. 퍼셉트론이 학습하는 방식은 대부분의 뉴런 네트워크가 어떻게 작동하는지를 알게 해 주는 본보기다. 퍼셉트론은 두 층의 뉴런과 하나

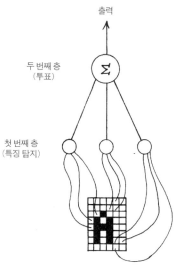

**그림 26**
퍼셉트론의 구조

의 출력을 갖는 네트워크다. 첫 번째 층에 있는 각 입력들은 빛 감지기 같은 감각 장치와 연결되어 있어서, 이것이 어떤 물체에 비친 빛의 밝기를 측정한다. 두 번째 층의 각 입력들은 첫 번째 층에서 나온 출력과 그림 26처럼 연결되어 있다.

퍼셉트론에게 A라는 문자를 인식하도록 가르치는 경우를 상

상해 보자. 그렇게 하려면 A에 대한 긍정과 부정 사례들을 아주 많
이 보여 줘야 한다. 퍼셉트론이 두 번째 층의 가중치를 조절하여 A
라는 모양을 보여 줄 때에만 1이라는 출력이 나오게 하는 것이 바
라는 목표다. 실수를 할 때마다 그 가중치들을 조정해 주면 목표를
달성할 수 있다. 첫 번째 층에 있는 뉴런은 어떤 사례를 보여 주더
라도 작은 부분밖에 보지 못한다. 입력 가중치가 고정되어 있어서
특정한 구석의 모양이나 특정 방향으로 그어진 선 같은 부분적인
특징만 인식하도록 프로그램되었기 때문이다. 예를 들면 대문자
A의 꼭대기에 위치한 점처럼 어떤 구석 부분을 인식하도록 프로
그램된 첫 번째 층의 뉴런이 읽을 긍정 및 부정 입력의 가중치 조합
이 아래에 나와 있다.

| | | | | | |
|---|---|---|---|---|---|
| − | − | − | − | | − |
| − | − | + | − | − | − |
| − | + | + | + | | − |
| − | + | + | + | + | − |
| + | + | + | + | + | + |
| + | + | + | + | + | + |

퍼셉트론의 첫 번째 층에는 그러한 특징 탐지 뉴런이 수천 개 들어 있는데, 그 각각은 특정 부분의 국소적인 특징만을 인식하도록 프로그램되어 있다. 뉴런이 첫 번째 층에서 문자 사이의 차이를 구별하는 데 유용한 특징들을 감지해 내므로, 문자 끝의 돌출 부분을 찾기가 꽤 쉬워 문자 인식이 훨씬 더 수월해진다.

첫 번째 층에 부착된 '부분 특징 탐지기'가 단서를 마련해 주고, 두번째 층의 가중치가 이 단서를 어떻게 평가할지를 결정한다. 예를 들면 문자의 윗부분에 위로 향하는 뾰족한 점이 있다면 A라는 단서가 된다. 반면에 아래 부분에 그런 점이 있다면 그 반대가 된다. 퍼셉트론은 두 번째 층의 뉴런에 연결되는 입력의 가중치를 조절함으로써 학습을 해 나간다. 학습 알고리듬 자체는 매우 단순하다. 퍼셉트론이 실수를 했다고 코치가 지적할 때마다, 그러한 실수를 일으키도록 한 모든 입력 가중치들을 조정해서 다음번에는 실수가 적게 일어나도록 하면 된다. 예를 들면 퍼셉트론이 다른 문자를 A로 잘못 식별했다면, 이 실수에 기여한 모든 입력 가중치들을 낮추게 된다. 또 문자 A를 식별하지 못했다면 A 식별에 기여하는 입력의 가중치를 올린다. 퍼셉트론이 올바른 모양을 인식할 충분한 양의 특징 탐지기를 갖고 있다면, 이 훈련법을 계속 실시하여 결국은 문자 A를 인식할 수 있게 된다.

　퍼셉트론이 학습하는 절차는 되먹임의 또 다른 예에 속한다. 목표는 가중치를 정확히 설정하기, 오류는 훈련용 사례를 잘못 식별하기, 반응은 가중치의 조절! 퍼셉트론은 윈스턴의 아치 모양 프로그램과 마찬가지로 실수를 통해서 배워 나간다. 이것이 모든 되먹임 학습 시스템의 특징이다. 충분한 가중치 집합이 있다면, 이 특별한 절차는 충분한 연습을 통해 결국은 정확한 가중치 선택이라는 목표에 도달하게 된다. 자, 그렇다면 퍼셉트론은 완벽한 형태 인식 기계인 것처럼 보인다. 그러나 함정은 충분한 가중치 집합이 있다는 가정에 숨어 있다. 여러 가지 크기와 글꼴과 위치를 갖는 문자 A를 인식하려면 첫째 층의 특징 탐지기가 매우 풍부하게 마련되어 있어야 한다.

　여러 모양들을 충분히 익히게 해 주면 퍼셉트론은 어떤 문자라도 배울 수 있지만, 문자보다 훨씬 복잡해서 부분적인 특징들을 갖다 붙여서는 결코 인식할 수 없는 모양도 존재한다. 예를 들면 부분적인 특징들에서 나온 증거를 단순히 합해도 퍼셉트론은 이미지 안에 있는 모든 검은 점들이 연결되어 있는지 떨어져 있는지를 구별할 수 없다. 왜냐하면 연결성은 전체적인 속성이기에, 부분적인 특징이 그 자체로서는 연결되어 있는지 아닌지의 여부를 파악하는 역할을 할 수 없기 때문이다. 그림 27은 마빈 민스키와 세이머 페퍼트의 책 『퍼셉트론(*Perceptron*)』에서 인용한 그림으로, 부분적인 특성만 살펴서는 연결성을 파악할 수 없음을 보여 준다.

위의 이유 이외에 몇몇 이유들로 인해, 두 층 퍼셉트론은 대부분의 형태 인식에 실질적으로 쓰일 수 있는 뉴런 네트워크가 아니다. 좀 더 많은 층을 가진 더욱 일반적인 뉴런 네트워크는 더욱 복잡한 형태를 인식할 수 있다. 그러한 네트워크도 위와 비슷한 학습

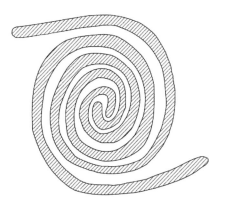

**그림 27**
퍼셉트론 나선

과정을 이용한다. 훈련된 뉴런 네트워크는 영상 인식이나 음성 인식처럼 몇 개의 고정된 규칙들로 처리하기에는 쉽지 않은 작업을 하는 데 이용된다. 요즘의 어린이 장난감에 내장되어 있는 단순한 언어 인식 시스템은 뉴런 네트워크에 바탕을 두고 있다.

------
### 자기 조직화 시스템

긍정과 부정 사례에 바탕을 둔 학습 시스템에는 코치가 일일이 사례를 정해 주어야 하는 단점이 있다. 이와 다른 뉴런 네트워크 유형이 있는데 여기에는 코치가 필요 없다. 즉 훈련 신호가 그 시스템 내에서 자체적으로 만들어지는 시스템이 있다. 그러한 스스로 훈련하기 네트워크를 자기 조직화 시스템(self-organizing system)이라고 한다. 자기 조직화 시스템은 수십 년간 연구되고 있지만(앨런 튜링도 이 분야에서 중요한 연구 논문을 발표했다.), 요즘 들어서 이에 관한 연구 활동이 부쩍 새롭게 부각되고 있다. 그리고 예전보다 고속의 컴퓨터로 연구한 덕분에 새로운 연구 결과도 몇 가지 나왔다. 훈련된 뉴런 네트워크와 마찬가지로 자기 조직화 시스템도 병렬 컴퓨터에 적합하다.

실제로 작동 되는 자기 조직화 시스템의 한 예로서, 영상을 눈에서 뇌로 전송하는 문제를 고려해 보자그림 28. 영상이 맺히는 망막은 빛에 민감한 신경이 모여 있는 2차원의 얇은 막이다. 영상을 전송하는 신경 다발 덕분에 망막 위의 영상은 뇌로 전송된다. 만약 그 신경 다발이 불완전하게 이어져 있다면, 각 픽셀의 위치가 약간씩 어긋나게 되어 망막에 맺히는 영상이 약간 찌그러진다. 자기 조직화 인공 뉴런 시스템이 각 픽셀을 정상 위치에 자리 잡게 하여 그 찌그러진 영상을 복구하는 방법을 학습하는 과정을 설명하고자 한다. 복구 장치는 이차원으로 배열되어 있는 한 층의 뉴런으로 구성되어 있다. 이 뉴런의 출력이 올바르게 복구된 영상을 내보낸다. 영상이 약간만 찌그러져 있다면 각 픽셀은 전체적으로 올바른 위치의 거의 바로 옆 지점에 놓인다. 각 뉴런의 입력은, 찌그러진 영상에 아주 가깝게 인접한 픽셀을 보고서 복구된 영상이 나오게 하기 위해서는 이 픽셀들 중 어느 것을 출력에 연결시켜야 할지를 학습해 나간다. 뉴런은 올바른 입력의 가중치는 1로, 그렇지 않은 입력의 가중치는 0으로 둠으로써 영상을 올바르게 연결한다.

복구 메커니즘에서의 훈련 알고리듬은 영상의 구조가 무작위적이지 않다는 사실에 바탕을 두고 있다. 이전에 논의했듯이 진짜

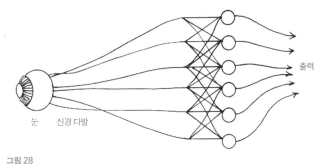

**그림 28**
어긋난 신경 다발과 이에 대한 복구 장치를 갖춘 눈

--------------------------------------------------------------------

영상은 무작위적인 점의 배열이 아니라 실제 세계의 표현이기 때문에, 영상에서 이웃해 있는 영역들은 거의 동일해 보인다. 복구 메커니즘은 이 점을 간파하고서 동일해 보이는 픽셀은 서로서로 이웃해 있어야 된다고 가정한다. 복구 메커니즘 속의 뉴런들은 일련의 연속적인 영상들에 노출되는 동안 각 뉴런의 입력과 이웃 뉴런의 출력의 상호 관련성을 파악하는 방식으로 작동한다. 한 뉴런이 이웃 뉴런들과 다른 신호를 내보내서 실수가 생길 때마다 이웃들의 출력과 거의 비슷한 입력에 대해서는 가중치를 증가시키고 그렇지 않은 입력에 대해서는 가중치를 감소시킨다. 물론 이웃 뉴

런들도 그들의 연결성을 동시에 학습하기 때문에 처음에는 장님이 장님을 인도하는 격이지만, 결국은 복구 메커니즘 뉴런들이 올바른 입력값을 알아내게 되어 이웃 뉴런들도 효과적으로 훈련시키게 된다. 실수를 저질러 본 뉴런들만이 조절하는 법을 배우게 됨을 다시 한 번 확인할 수 있다. 뉴런들이 서로를 훈련시켜 감에 따라 복구된 영상이 출력에 나타나기 시작하고 결국에는 완벽할 정도로 선명한 영상을 만들어 낸다.

자동 항법 장치, 패트릭 윈스턴의 아치 인식 프로그램, 복구 메커니즘은 학습 시스템의 몇몇 예에 불과하다. 이러한 모든 시스템들은 외부 아니면 내부 되먹임 가운데 하나에 바탕을 두고 있으며 모두 실수를 통해서 배워 나간다. 이러한 시스템 각각은 유사한 기능을 갖는 생물 시스템에서 영감을 받아 설계되었다. 이러한 점진적 발전이 이루어 낸 성과에 도취되면, 「황금알을 낳는 거위」라는 이솝 우화에 나오는 어리석은 사람처럼 알만 선택하고 거위는 버리는 어리석음을 범하고 만다. 다음 장에서 그 거위에 대해 논의해 보자.

## 9
## 생각하는
## 기계의 진화

**전설에 따르면 13세기의** 과학자이자 수도사였던 로저 베이컨(Roger Bacon, "아는 것이 힘이다."라는 말로 유명한 영국의 과학자이자 철학자——옮긴이)은 흑마술 애호가였으며 한때 말하는 기계 두상을 만들었다. 그는 영국 주위에 큰 성벽을 세워 외부 침입자들로부터 나라를 지키고자 했으며, 그 성벽 짓는 법에 대한 조언을 구할 목적으로 그 두상을 만들었다고 한다. 놋쇠로 만든 그 두상은 구석구석 사람 머리를 쏙 빼닮았다고 전해진다. 베이컨은 마법의 주문을 외면서 두상을 불 위에 올려놓고 며칠이나 계속 가열했다. 그러자 마침내 그 두상이 잠에서 깨어나 말을 하기 시작했다. 그런데 운이 없었는지 주문을 너무 열심히 외우느라 기운이 다 빠진 베이컨은 마침 그때

깜빡 잠이 들었다. 젊은 조수는 수다스러운 놋쇠 머리 때문에 스승을 깨우기가 영 내키지 않았다. 그러는 사이에 과열로 두상이 폭발하고 말았다(베이컨이 그 두상에게 질문을 해 보기도 전에 불상사가 생기다니!).

베이컨에 관한 이 전설은 인공 지능을 구상했던 데달루스, 피그말리온(그리스 신화에 나오는 조각가로 자기가 만든 조각상이 여인으로 바뀌어 서로 사랑을 나누었다고 한다.—옮긴이), 알베르투스 마그누스 및 프라하의 랍비(서양 중세에 쓰인 소설 「프라하의 랍비 두목(The chief Rabbi of Prague)」에 나오는 주인공. 이 소설에는 진흙을 구워 만든 인조 인간 이야기가 나온다.—옮긴이) 등의 이야기와 공통점이 있다. 이러한 이야기들의 공통 주제는 어떤 것을 생각하게 하려면 요리 내지는 익히는 절차가 필요하다는 점이다. 컴퓨터가 나오기 이전 시대에는 생각하기 같은 복잡한 과정을 기계 장치로 구현할 수 있으리라고 아무도 생각하지 않았다. 대신에 만약 지능이 창조된다면 그것은 수십억 개의 미소하고 부분적인 상호 작용이 전체적으로 합쳐지면서 불쑥 생기는 과정이 분명하다고 여겼다. 필요한 준비물은 올바른 회로도가 아니라 올바른 조리법이었다. 그 조리법에 따르면 재료들이 저절로 지능을 드러낸다고 여겼다. 지능을 그러한 과정으로 창조할 수 있다면 그 과정이나 지능 자체가 어떻게 작동하는지 창조자조차도 이해할 필요가 없다.

이상하게 들릴지 모르겠지만, 사이비 과학처럼 들리는 위와 같은 개념에 나는 기본적으로 동의한다. 나는 우리가 지능의 본질이 무엇인지 이해하기 전이라도 인공 지능을 창조할 수 있다고 믿는다. 내 생각에는 지능의 창조는 아마도 자세히 이해할 수 없는 복잡한 일련의 상호 작용을 통해 지능이 출현하도록 여건을 마련해 주면 되는 것 같다. 즉 그 과정은 기계를 공학적으로 만드는 것보다는 케이크를 굽거나 정원을 가꾸는 일에 좀 더 가까울 듯하다. 인공 지능을 공학적으로 만들기보다는 지능이 출현할 올바른 조건들을 마련하면 된다. 이 시대의 가장 위대한 기술상의 성취는 공학의 한계를 뛰어넘는 도구의 발명, 즉 이해 가능한 것 이상을 창조하게 해 주는 도구의 발명이라고 해도 좋으리라.

이 창발적 설계 과정이 어떤 방식으로 작동하는지를 논의하기 전에 지능의 가장 좋은 예라고 할 수 있는 인간의 뇌에 대해 살펴보자. 뇌 자체가 다윈의 진화론에 따른 창발적 과정에 따라 '설계'되었기 때문에 지금까지 살펴본 공학적 설계와 비교해도 손색이 없다.

------
## 뇌

인간의 뇌에는 약 $10^{12}$개의 뉴런이 있고, 각 뉴런은 평균적으로 $10^5$개의 이웃 뉴런과 연결되어 있다. 뇌는 어느 정도까지는 자기 조직적 시스템이지만, 1개의 균질적인 덩어리라고 생각하면 오산이다. 뇌에는 수백 개의 서로 다른 종류의 뉴런이 들어 있고, 그들 중 상당수가 특정 지역에 몰려 있다. 뇌 조직 연구로 밝혀진 바에 따르면, 뉴런의 연결 형태 역시 뇌의 부위에 따라 다르다. 특징적인 부위가 50곳 정도 있으며, 뉴런의 해부학적 차이는 우리가 구별하기에는 너무나 미묘한지라 아마도 그런 부분이 더 있으리라고 짐작된다.

뇌의 각 부위는 시각 이미지의 색 인식, 음성의 억양 표현, 여러 사물의 명칭을 일일이 암기하기 같은 특수한 기능에 맞도록 특화되어 있음이 분명하다. 사고나 뇌일혈로 특정 부위가 손상을 입으면, 그 부위가 담당하는 특정 기능이 상실되는 현상을 통해 그 사실을 알 수 있다. 예를 들면 전두엽 왼쪽 부위의 44와 45 영역에 손상을 입으면(그 두 부위를 합쳐 브로카 영역이라고 한다.) 문법에 맞게 말하는 능력이 상실된다. 이 증상을 가진 사람도 단어 자체는 분명하게 발음하고 남의 말도 잘 알아듣는다. 그런데도 문법에 맞는 말을 도통 할 수 없다. 머리 훨씬 뒤쪽에 위치한 고리형 뇌이랑(annular gyrus)으로 알려진 부위에 손상을 입으면 읽기와 쓰기에 지장을 받으며, 뇌의 어떤 부위에 손상을 입으면 잘 알던 사물의 이름을 떠올리기 어렵거나 친숙하던 사람들 얼굴을 알아보지 못하게 되기도 한다.

뇌의 여러 부위가 컴퓨터의 여러 기능적 구성 블록과 딱 들어맞는다고 여긴다면 좀 지나친 억측이다. 한 가지 이유를 들어 보면 뇌의 대부분에 손상을 입어도 뚜렷하게 파악할 수 있는 기능 상실이 일어나지는 않는다. 예를 들면 우측 전두엽의 대부분을 제거해도 인격에 뚜렷한 변화가 없거나 종종 아무런 이상도 나타나지 않는다. 기능 상실이 명확히 정의되어 있는 경우에도 그 기능이 오로지 그 손상된 부위에 의해 작동된다는 뚜렷한 증거는 없다. 그 부위가 그 기능에 필요한 미미한 도움을 주는 정도일 수도 있다. 건전지가 나가면 당연히 차가 움직이지 않겠지만, 차가 움직이지 않는다고 해서 건전지만 책임이 있다고 단정할 수는 없지 않는가?

뇌에는 여러 부위가 있는데, 특히 뇌 뒷부분에 있는 시각 처리와 관련된 부분은 하나의 연결된 전체 이미지를 만들어 내는 역할을 한다. 예를 들면 좌우 눈에서 들어온 입력을 받아들여 입체감이 있는 화면을 만들어 낸다. 하지만 뇌의 대부분의 영역에서 '회로 배열'이 어떻게 되는지는 여전히 수수께끼로 남아 있다. 어쩌면 특정한 기능을 수행하기 위해 뇌의 대부분이 하드웨어적으로 구성되어 있다는 개념 자체가 틀린 것인지도 모를 일이다. 예를 들면 언어는 대부분 뇌의 왼쪽 부분에서 처리되는 듯 보이고, 반면에 지도 이해와 같은 공간 인식은 대부분 오른쪽에서 담당하는 듯하다. 하지만 현미경으로 좌뇌와 우뇌의 형태를 살펴보면 거의 다른 것이 없다. 뇌의 두 반구 사이의 회로 배열에 설사 어떤 체계적인 차이가 있더라도 우리가 구별하기에는 너무 미묘한 정도다.

어쩌면 뇌의 기능은 어느 부위를 어떤 특정 기능에 적합하게 만들도록 시냅스 연결의 강도를 다양하게 변화시키는 일종의 자기 조절 과정을 통해 학습되었는지도 모른다. 어느 정도까지는 틀림없이 맞는 말이다. 예를 들어 손가락 1개가 잘린 원숭이를 조사해 본 결과, 잘린 손가락에서 오던 정보를 처리하던 뇌 부위는 손가락이 잘린 후에도 여전히 작동하고 있음이 밝혀졌다. 뇌일혈을 겪은 후에 회복하는 과정과 비슷한 방식으로 사람도 뇌의 기능을 재정돈하는 것 같다. 뇌일혈을 겪은 사람은 처음에는 특정 기능에 곤란을 겪지만(사람 얼굴을 못 알아본다든지), 시간이 지남에 따라 곧 그 기능을 다시 배우게 된다. 손상을 입은 뉴런 자체는 소생이 불가능하므로, 그 환자가 그 기능을 다시 배웠다면 그것은 분명 뇌의 다른 부위에 있는 신경들을 새로 불러왔기 때문이라고 할 수 있다. 만약 얼굴을 알아보는 기능과 언어를 이해하는 기능들이 뇌의 서로 다른 부위에서 학습된다면, 이 기능들이 애초부터 뇌에 내재되어야 할 어떤 까닭이 틀림없이 있어야 한다. 갓 태어난 아기는 태어나고 처음 며칠 동안에는 특히 주변에 있는 얼굴에 관심이 많으며, 문자와 같은 훨씬 더 단순한 모양을 구분하는 법을 배우기 이전부터 얼굴을 알아보는 법을 배운다. 이와 비슷하게 아기들은 들리는 말 속에서 특정한 유형의 규칙에 선천적으로 주의를 기울인다. 그 결과 곧 어휘와 문법을 배우게 된다. 언어를 처리하고 얼굴을 인식하는 기능들은 각각 뇌의 다른 부위들에서 일어나는데, 그 부위들은 그러한 기능들을 수행하도록 어쨌든 준비되어 있다고 보아야 한다.

기능이 하드웨어적으로 구현되고 있다고 짐작되는 뇌의 각 부위들조차도 그 하드웨어의 형태는 컴퓨터 내의 계층 구조의 기능 블록과는 조금도 관련이 없어 보인다. 입력에서 출력으로 바로 이어지는 그런 단순한 구조는 어디에도 없다. 대신에 연결은 종종 쌍방향으로 되어 있다. 즉 일군의 뉴런은 어느 한 방향으로 연결되어 있고, 이와 상보적인 일군의 뉴런은 반대 방향으로 연결되어 있다. 그림 29에는 마카쿠원숭이(일본원숭이의 일종—옮긴이)의 시각피질 회로도가 그려져 있는데, 각 연결선을 추적하여 상세히 그린 것이다. 회로도의 선들은 각각 수천 개의 뉴런 다발과 이와 반대 방향의 상보적인 다발을 표현하고 있다. 언뜻 보기에는 공학적으로 설계된 컴퓨터의 깔끔하고 구조적인 회로도와 달리 모든 선들이 서로 연결된 것처럼 보인다.

여기서 중요한 한 가지는 뇌는 매우 복잡할 뿐만 아니라, 공학적인 기계와 구조적인 면에서 아주 다르다는 사실이다. 그렇다고 해서 뇌와 같은 기능을 가진 기계를 만들 수 없다는 뜻은 아니고, 다만 지능을 부분으로 나누어 구조적으로 설계된 기계처럼 분석한다고 해서 그것을 파악할 수는 없다는 의미다.

뇌가 무슨 일을 하는지를 일목요연하게 설명하기란 뇌의 구조를 해명하는 것만큼이나 복잡하다. 그렇다 보니 그것을 이해하려는 노력이 별 의미가 없다고 할 수도 있다. 공학에서 복잡성을 다루는 한 가지 방식은 전체를 구성 부분으로 나누기다. 독립적으

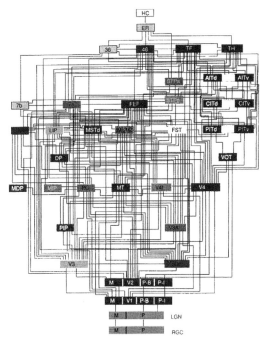

**그림 29**

마카쿠원숭이의 시각 피질에 대한 블록 다이어그램

---

로 나뉜 각 부분을 이해하고 나면 그 부분들 사이의 상호 작용을 이

해할 수 있다. 각 부분을 이해하는 방법은 공학적인 절차를 재귀적

으로 적용하여 각 부분을 그 하위 부분으로 계속 나누면 된다. 전

자식 컴퓨터와 모든 소프트웨어의 설계는 이러한 과정을 어디까지 추구할 수 있는지에 관한 살아 있는 증거다. 각 부분의 기능을 세밀하게 정하고 구현하기만 하면, 또한 부분들 사이의 상호 작용을 잘 제어하고 예측할 수만 있으면, '나누어 정복하기' 시스템은 아무 탈 없이 작동된다. 하지만 더 진화된 뇌와 같은 시스템은 이런 계층 구조와는 한참 거리가 멀다.

------

**모듈성이 갖는 문제점**

공학적 절차는 필연적으로 기계와 관련되어 있기 때문에, 자유롭게 변형될 수 없는 한계를 가질 수밖에 없다. 따라서 정연한 계층 구조에 집착하는 방식은 공학적 절차의 아킬레스건에 해당된다. 6장에서 논의하였듯이 계층적 구조는 재앙에 가까운 시스템 붕괴를 일으킬 가능성이 있다는 점에서 취약한 구조다. 공학 제품이 본질적으로 취약한 까닭은 공학 시스템의 각 부분마다 다른 부분과 어떻게 상호 작용해야 할지에 관한 구체적 설계 기준을 충족시켜야 하기 때문이다. 이 기준들은 구성 부분 사이의 계약 같은 구실을 한다. 구성 부분의 단 하나라도 계약을 이행하지 않으면 시스템을 설계할 때 세운 가정들은 무효가 될 뿐만 아니라 시스템도 예측 불가능한 양상으로 붕괴되고 만다. 하위 단계에 있는 단 한 구성 부분만 실패해도 시스템 전체에 연쇄적인 이상이 일어나 대재앙을 불러올 수 있다. 물론 컴퓨터나 비행기 같은 복잡한 시스템에는 6장에서 설명한 리던던시 방식을 통해 이러한 단일 오작동을 피할 수 있는 공학적인 대응책이 마련되어 있다. 하지만 그러한 보호 기술도 예상되는 오작동에 대해서만 시스템을 지킬 수 있을 뿐이다. 이 경우 특정한 오작동이 몰고 올 모든 잠정적인 결과를 예측하고 이해할 수 있어야 하는데, 시스템이 자꾸만 더 복잡해져 가니 그렇게 하기는 점점 더 어려워진다.

　개별 구성 부분의 오작동과 무관한 문제도 존재한다. 복잡한 시스템에서는 각 부분들은 올바로 작동하고 있는데도 불구하고 상호 작용할 때 예상 밖의 행동을 보일 때가 있다. 종종 대형 소프트웨어 시스템이 오작동을 일으킬 때, 소프트웨어의 각 부분을 책임지고 있는 각 프로그래머는 서로 자기가 맡은 서브루틴은 제대로 작동한다고 실랑이를 벌인다. 각 서브루틴이 구체적인 자신의 기능을 제대로 구현하고 있다는 의미에서 모두 맞는 말일 때도 종종 있다. 문제는 바로 각 부분들이 무슨 역할을 맡고 또 어떻게 상호 작용할지를 정해 놓은 구체적인 세부 사항에 있다. 예상되는 모든 상호 작용을 전부 고려하여 그런 세부 사항을 올바로 작성하는 것은 매우 어려운 일이다. 컴퓨터의 운영 체제나 전화 네트워크처럼 복잡한 대형 시스템에서는 모든 부분들이 설계된 대로 작동하고 있을 때조차도 당혹스럽고 예기치 못한 행동을 보일 때가 종종 있다. 몇 년 전에 미국 동부의 장거리 전화선의 통화 연결이 몇 시간 동안 중단된 사건이 있었다. 그 시스템에는 리던던시 방식에 기반을 둔 정교한 오류 방지 설계가 되어 있었다. 모든 구성 부분이 올바르게 작동 중이었는데도 각기 다른 교환실에서 실행 중이던 소프트웨어의 두 사양 사이에 예상치 못한 상호 작용이 일어나 전체 시스템이 붕괴되었다.

오히려 공학적 과정이 꽤 잘 작동하고 있다는 점이 놀라울 따름이다. 컴퓨터나 운영 체제 같은 복잡한 시스템을 설계하는 데에는 수천 명의 사람들이 필요하다. 시스템이 상당히 복잡해지면 어느 누구도 시스템 전체를 완벽하게 다 파악할 수가 없다. 상황이 이렇다 보니 보통 인터페이스에서의 오해나 설계의 비효율성에서 실수가 발생한다. 그러한 인터페이스의 어려움은 시스템이 복잡해질수록 더 악화된다.

———

위에 대략적으로 설명한 문제들은 기계나 소프트웨어 자체의 내재적인 약점이 아니라는 사실을 알 필요가 있다. 그 문제들은 공학적인 설계 과정의 약점이다. 복잡하다고 해서 모두 약점투성이라고 할 수는 없다. 뇌는 컴퓨터보다 훨씬 더 복잡하지만 치명적인 오작동을 일으킬 우려는 훨씬 적다. 뇌와 컴퓨터 사이의 시스템 안정성의 뚜렷한 차이는 공학 제품과 진화의 결과에 따른 시스템 간의 차이를 잘 나타내 준다. 컴퓨터에서는 단 1개의 오류만으로도 시스템이 붕괴될 수 있지만, 건전치 못한 사고 방식이나 올바르지 않은 정보, 또는 구성 부분의 오작동이 있어도 뇌는 보통 잘 견딘다. 뇌의 개별 뉴런이 지속적으로 죽어 없어지고 새로 생겨나지 않지만, 심각한 손상만 입지 않는다면 뇌는 이러한 오작동을 잘 수습하여 상황에 잘 적응한다(공교롭게도 9장을 쓰고 있는 동안, 내 컴퓨터가 다운되어 재부팅을 해야만 했다.). 인간은 좀처럼 '다운'되지 않는다.

------
**진화의 시뮬레이션**

자, 그렇다면 인공 지능을 창조하는 데 있어서 공학 이외의 대안은 무엇이란 말인가? 컴퓨터에서 생물학적 진화 과정을 흉내 내는 것이 한 가지 대안이 될 수 있다. 시뮬레이션 진화는 복잡한 하드웨어와 소프트웨어를 설계하는 매우 색다른 한 가지 길, 공학의 많은 문제들을 해소해 주리라 기대되는 길을 제시해 준다. 시뮬레이션 진화가 어떻게 작동하는지 이해하기 위해 구체적인 예부터 하나 살펴보자. 수들을 내림차순으로 정렬하는 소프트웨어를 설계하고 싶다고 하자. 표준적인 공학적 접근법을 이용하면 5장에서 논의한 정렬 알고리듬 가운데 하나를 사용하여 그러한 프로그램을 작성하면 된다. 그러나 그렇게 하는 대신에 소프트웨어를 '진화'시킬 궁리를 한 번 해 보자.

첫 번째 단계에서는 무작위적인 프로그램 '집단'을 생성한다. 무작위적인 명령열(4장 참조)을 생성하는 유사 난수 발생 장치를 이용하여 이 집단을 만들 수 있다. 그 과정을 빨리 진행시키기 위해 비교 명령이나 교환 명령과 같은 정렬에 유용한 명령들만 사용할 수도 있다. 이러한 무작위 명령열 각각도 하나의 프로그램이므로 무작위 집단에는 예를 들면 1만 개의 그러한 프로그램이 있고 그 각각은 몇백 개의 명령어들로 이루어진 규모다.

다음 단계에서는 그 집단을 점검하여 어떤 프로그램이 가장 성공적인지를 찾아낸다. 그렇게 하려면 그 프로그램 각각을 일일이 실행시켜서 시험용 숫자열을 올바로 정렬하는지 확인해야 한다. 프로그램이 무작위적이어서 어떤 것도 시험에 합격하기 어려울 듯하지만, 몇몇 운 좋은 녀석들이 비교적 더 올바른 정렬에 근접할 수 있다. 예를 들면 우연하게 어떤 프로그램이 낮은 수를 뒤쪽으로 이동시켜 제대로 정렬할 수 있을지도 모른다. 각 프로그램을 몇 가지 다른 숫자열을 대상으로 시험해 봄으로써 각 프로그램에 대해 적합도 점수(fitness score)를 매길 수도 있다.

그 다음 단계는 고득점 프로그램들로부터 새로 진화된 집단을 만드는 일이다. 이렇게 하려면 평균점 미만의 프로그램은 제외하고 최적의 프로그램만 살아남게 해야 한다. 새로운 집단은 무작위적인 변화를 적게 겪은 생존 프로그램들의 사본을 만듦으로써 생산된다. 이 과정은 돌연변이를 동반하는 무성 생식과 비슷하다. 이전 세대와 생존 프로그램과의 짝짓기를 통해서 유성 생식과 유사한 새 프로그램을 '새끼 치는' 방법도 있을 수 있다. '자식' 프로그램을 만들기 위해서 각 '부모' 프로그램에서 따온 명령열을 결합시키면 된다. 부모들은 유용한 명령열을 갖고 있기 때문에 생존한 것으로 짐작되며, 자식들도 각각의 부모에게서 가장 유용한 자질들을 물려받을 가능성이 아주 크다.

새로 탄생한 이 프로그램 세대들도 다시 동일한 시험과 선택 과정을 거쳐 또 한 번 더 최적 프로그램이 살아남고 재생산을 한다. 한 대의 병렬 컴퓨터가 몇 초마다 새로운 한 세대를 생산할 수 있으므로, 선택과 변용 과정은 실제로 수천 번 반복될 수 있다. 각 세대를 거치면서 평균적으로 최적의 집단은 증가하게 된다. 즉 프로그램이 정렬을 더욱더 잘하게 된다. 몇천 세대가 지나면 프로그램의 정렬 능력은 완벽해진다.

나는 직접 시뮬레이션 진화 기법을 사용하여 어떤 프로그램을 진화시켜 정렬 문제를 해결함으로써 그 과정이 위에 설명한 대로 작동함을 직접 알아보았다. 내가 한 실험에서는 테스트용 숫자열을 빨리 정렬하는 프로그램을 선호하는 편이어서 속도가 빠른 프로그램이 살아남을 가능성이 컸다. 이러한 진화론적 과정을 통해 매우 빠른 정렬 프로그램이 탄생했다. 내가 관심을 가졌던 문제 해결에 대해서는 진화한 프로그램들이 실제로 5장에서 설명한 어떤 알고리듬들보다 약간 더 빨랐다. 사실 내가 작성한 어느 프로그램들보다 더 빠른 정렬 프로그램이었다.

내가 행한 실험에서 진화한 정렬 프로그램이 보여 준 흥미로운 점 중 하나는 그들이 어떻게 작동하는지 나도 이해하지 못한다는 사실이다. 명령열들을 꼼꼼히 살펴보았지만 이해가 안 됐다. 명령열 그 자체 이외에는 프로그램의 작동 방식을 설명할 도리가 없다. 그 프로그램들은 파악 불가능인지도 모른다. 즉 그 프로그램의 작동을 계층 구조를 갖는 이해 가능한 부분들로 나눌 방법이 없을지도 모른다는 뜻이다. 만약 이것이 사실이라면, 즉 진화를 거쳐 만든 간단하기 그지없는 하나의 정렬 프로그램조차 근본적으로 파악할 수 없다면, 인간의 뇌를 이해하려는 우리의 노력은 이룰 수 없는 꿈에 불과할지 모른다.

나는 수학 테스트를 이용하여 진화한 정렬 프로그램들이 오류가 없음을 증명했다. 그러나 수학 테스트보다는 그 프로그램으로 만든 과정에 훨씬 더 믿음이 간다. 왜냐하면 진화한 각 정렬 프로그램들은 정렬 능력이 뛰어나야만 살아남을 수 있는 길고 긴 프로그램 진화 역사의 후손들임을 알고 있기 때문이다.

진화한 프로그램을 이해할 수 없을 때도 있다는 사실로 인해 어떤 사람들은 그것을 실제로 활용하기를 꺼린다. 하지만 내 생각에는 이 불편함은 잘못된 가정에 뿌리를 두고 있다. 그중 하나는 공학 시스템은 언제나 제대로 이해할 수 있어야 한다는 가정이다. 이러한 가정은 비교적 단순한 시스템에서만 통할 뿐이다. 이미 언급한 대로 어느 누구도 컴퓨터의 운영 체제를 모조리 꿰뚫고 있을 수는 없지 않은가! 두 번째 틀린 가정은 이해할 수 없는 시스템은 신뢰할 수 없다는 믿음이다. 공학적인 컴퓨터 프로그램으로 움직이는 비행기와 사람이 조종하는 비행기 중 어느 비행기에 타겠냐고 묻는다면 나는 주저 없이 사람이 조종하는 비행기를 선택하겠다. 설사 그 사람이 어떻게 조종하는지 전혀 이해할 수 없더라도 말이다. 나는 조종사를 배출한 그 훈련 과정을 믿는다. 정렬 프로그램과 마찬가지로 단 한 명의 조종사도 긴 역사를 갖는 비행기 조종의 역사에서 생존자이지 않은가! 만약 비행기의 안전성이 숫자 정렬을 얼마나 올바르게 하느냐에 따라 달라진다면, 한 팀의 프로그래머가 직접 작성한 프로그램보다는 진화한 정렬 프로그램 쪽이 더 믿음이 간다.

------

### 생각하는 기계로 진화시키기

시뮬레이션을 통한 진화는 그 자체로 생각하는 기계를 만들어 낼 수 있는 해법은 아니다. 그러나 우리를 올바른 방향으로 이끌어 준다. 핵심 아이디어는 계층 구조적 설계가 갖는 부담스러운 복잡성을 버리고 컴퓨터의 조합 능력으로 옮겨가기다. 본질적으로 시뮬레이션을 통한 진화는 설계 방법을 경우의 수로 갖는 검색 공간에서의 휴리스틱 탐색법의 일종이다. 그 공간을 검색하는 데 사용된 휴리스틱은 바로 '지금까지 찾은 최상의 설계에 가까운 설계를 시도하고 성공적인 두 설계의 요소들을 결합하기'다. 이 휴리스틱은 막강하다.

시뮬레이션을 통한 진화는 새로운 고급 구조를 창조하는 데에는 좋은 방법이지만, 현재 나와 있는 설계를 손질해도 별 효과가 없다. 진화 프로그램의 장점이자 동시에 단점은 "왜 꼭 그렇게 되어야만 하지?"라는 반문을 일으키게 하는 진화 이유의 맹목성이다. 앞에서 언급했던 되먹임 시스템에서는 특정 오류를 고치기 위해서는 특정한 변화가 일어나야 한다. 반면에 진화에서는 변화가 결과에 어떤 영향을 미칠지 고려되지 않은 채 변화가 맹목적으로 선택된다.

인간의 뇌는 두 가지 메커니즘을 다 활용한다. 뇌는 진화의 산물이자 학습의 산물이다. 진화는 넓은 밑그림을 그리고, 개체들은 주변 환경과의 상호 작용을 통해 발달하며 그 그림을 완성한다. 사실 진화가 설계한 것은 뇌 자체라기보다는 뇌를 만들어 낸 과정이라고 보는 편이 더 타당하다. 설계도라기보다는 조리법이라는 뜻이다. 그래서 동시에 작동하는 여러 단계의 창발적 과정이 존재한다. 진화 과정은 뇌를 성장시키는 설계도를 마련하는 한편, 발달 과정은 뇌의 신경 회로 배열을 구성하기 위해 주변 환경과 상호 작용한다. 발달 과정에는 내부에서 자체적으로 시작되는 형태 형성 과정, 즉 발생 과정(morphogenesis process)과 외부와의 관계를 통해 시작되는 학습 과정(learning process)의 두 가지가 있다. 발생을 촉진하는 추진력이 신경 세포들을 올바른 형태로 자라게 하며, 학습 과정이 형태들 사이의 연결을 정교하게 한다. 뇌 학습의 최종 단계는 문화적인 과정, 즉 다른 여러 개인들이 수많은 세대를 거듭하면서 전해 온 지식을 전승받는 과정이다.

나는 이러한 창발적 메커니즘 각각을 마치 서로 동떨어져 작용하는 것처럼 설명해 왔다. 하지만 실제로는 서로 상승 효과를 얻도록 상호 관련되어 있다. 성장을 가져오는 발생 과정과 문화 습득 과정 사이에 분명한 선을 긋기는 어렵다. 옹알이하는 갓난아기에게 엄마가 말을 거는 행동은 학습 과정인 동시에 아기 뇌의 발달을 돕는 일이기도 하다. 그 자체로 적응 과정이기도 한 발생 과정에서 각 세포는 조직 내의 다른 세포들과 끊임없이 상호 작용하며 발달하고, 또한 복잡한 되먹임 작용이 오류를 수정하고 조직의 발달을 본 궤도에 올려놓는다.

어떤 종을 창조하는 진화 과정과 그 종의 개체들을 만들어 낸 발달 과정 사이에는 상호 상승 작용이 존재한다. 발달과 진화 과정 사이의 상호 작용을 단적으로 보여 주는 사례는 볼드윈 효과로 알려져 있다. 이는 1896년에 진화생물학자 제임스 볼드윈(James Baldwin)이 처음으로 주장했고 거의 100년이 지나서 컴퓨터 과학자 제프리 힌턴(Geoffrey Hinton)이 재발견했다. 볼드윈 효과의 주요 핵심은 다음과 같다. 진화를 발달과 결합시킬 때 진화는 더 빨리 일어난다. 발달 과정에서의 적응 능력 향상이 불완전한 진화의 결점을 고쳐 나갈 수 있기 때문이다.

볼드윈 효과를 이해하려면, 생물의 특성 진화가 여러 번의 돌연변이가 일어나야만 발생할 수 있을 정도로 지극히 어려운 현상임을 알아야 한다. 새가 둥지를 짓는 본능의 진화에 대해 살펴보자. 둥지를 짓는 데에는 수십 개의 개별 과정들, 예를 들면 나뭇가지 찾기, 부리로 가지 물기, 가지를 문 채 둥지로 돌아오기 등의 기술이 필요하다. 그리고 각 단계들마다 서로 다른 돌연변이가 필요하고 새에게 완전한 형태의 둥지라는 혜택이 돌아가려면 그 돌연변이 전부가 필요하다고 가정하자. 다시 말해 단 한 단계만 빠져도 둥지는 결코 완성될 수 없으며, 따라서 그 새는 동료 새들에 비해 환경에 잘 적응할 수 없어 진화의 이득을 전혀 얻지 못한다. 그러한 특성을 진화시키는 데 따르는 명백한 문제점은 여러 돌연변이 중에서 딱 그 한 돌연변이만 진화에 의해 선택된다는 점이다. 모든 돌연변이가 동시에 발생하는 것은 (단일 개체 내에서는) 여간해서 실현되기 어려운 일이다. 한 단계만으로는 아무 이득도 없기에 둥지 짓기와 같은 행동 특성의 진화는 꿈도 못 꿀 이야기다.

볼드윈 효과는 진화와 학습 사이의 상호 상승 작용이다. 이 작용은 그 문제의 한 단계를 해결하는 데 기여하는 하나의 돌연변이에 부분 점수를 주어서 문제 해결에 도움을 준다. 태어날 때부터 전체 중 몇 가지 단계를 해 내는 법을 아는 새는 그렇지 않은 새에 비해 유리하다. 왜냐하면 배워야 할 단계가 그만큼 적어 성공적인 둥지 짓기 특성에 도달할 가능성이 더 높기 때문이다. 그 새가 갖고 태어난 각 특성들이 학습 가능성을 높이기 때문에 그 자체로서 귀중한 요소다. 이렇게 볼 때 각 개별 돌연변이는 독립적으로 취사 선택되며, 그 새의 본능 목록표에 각 단계들이 차츰 추가되면서 둥지 짓기 특성이 발달된다. 또한 그 새의 학습 능력으로 인해 진화 속도가 더 빨라지기 때문에, 모든 돌연변이가 한 개체 안에서 동시에 발생되는 요행을 기다리는 시간보다 훨씬 적은 시간 안에 그것이 가능해진다.

내가 진화하는 생각하는 기계에 대해 긍정적인 전망을 갖는 이유에는 처음부터 요행을 바라고 시작할 필요가 없다는 점도 들어 있다. 뇌에서 관찰되는 구조와 비슷한 구조를 갖는 초기 기계 집단을 선두에 내세울 수 있다. 또한 비록 완벽하게 이해할 수는 없더라도, 자연 상태의 시스템에서 관찰되는 임의의 발달 및 학습 구조에서부터 시작해도 좋다. 초기 추측이 꼭 올바르지 않아도, 무작위적인 것에서 아무렇게나 출발하기보다는 해법의 언저리에서 출발하는 편이 도움이 된다. 이 과정에 좀 우수한 발달 모델을 포함시키면, 생각하는 기계의 진화는 볼드윈 효과를 이용할 수 있게 된다.

복잡한 행동 방식을 발달시키는 데 드는 시간을 급격히 줄이는 또 하나의 효과는 바로 교육이다. 아기가 지능을 빨리 습득할 수 있는 것은 부분적으로나마 학습을 도와주는 사람들이 있기 때문이다. 이 학습의 일부는 단순한 모방과 명시적인 교육을 통해 진행된다. 인간에게는 생각을 전달하는 아주 멋진 메커니즘인 언어가 있기 때문에, 생물학적 진화 속도를 훨씬 능가하는 속도로 수많은 세대를 통해 유용한 지식과 행동 방식을 축적할 수 있었다. 인간 지능의 '설계도'는 인간의 유전자만큼이나 인간의 문화에 달려 있다.

하지만 알고 있는 모든 지식을 총동원하여 추진한다고 해서 고도의 인공 지능을 단번에 진화시킬 수 있다고 보지는 않는다. 단계적으로 일련의 진화 과정이 일어나는 대강의 개요는 다음과 같다. 예를 들어 처음에 곤충 정도의 지능을 갖는 기계를 설계할 때에는 그 정도 지능의 습득에 도움이 될 단순한 환경을 마련하여 진화를 시작한다. 그 다음에 발전 메커니즘상 곤충에 가까운 신경 구조를 발달시키는 경향이 있는 초기 집단을 찾아서 진화를 이루어 나간다. 시뮬레이션된 환경을 지속적으로 풍부하게 제공함으로써, 최종적으로 곤충 지능을 개구리, 쥐 등의 지능으로 진화시켜 나간다. 이 정도 하는 데도 분명히 수십 년의 연구가 필요할 것이며 수많은 시행착오를 거치겠지만, 결국에는 이러한 연구 과정을 통하여 위대한 인간의 뇌 같은 복잡성과 변용성을 갖춘 인공 지능으로 진화할 것이다.

언어를 이해할 수 있는 기계를 진화시키는 데 성공하려면 인간의 문화를 이용하여 진화를 촉진시킬 수 있다. 어린이에게 생활에 필요한 일을 스스로 하는 법, 여러 정보들, 바른 생활법, 그리고 여러 가지 이야기들을 종합적으로 가르치는 방식과 똑같이 인공 지능 기계를 가르칠 필요가 있다고 본다. 그 기계의 인공 지능 설계도에 인간의 문화를 주입하여 만든 기계는 완전한 인공 지능이라기보다는 오히려 인공 지능의 지원을 받는 인간의 지능이라 할 수 있을 듯하다. 따라서 나는 그 기계와 우리가 잘 어울려 살아갈 수 있으리라 생각한다. 물론 그러한 기계가 복잡한 윤리 문제를 초래함을 모르는 바는 아니다. 예를 들면 그런 기계가 만들어졌을 때, 그 기계의 스위치를 내려 버리는 일이 비윤리적인 행동일까? 그런 일이 올바르지 않다고 여겨지지만, 인공 지능 기계의 도덕적 지위에 대해 분명한 주관을 갖고 있다고 자신할 수도 없는 입장이다. 그런 문제를 해결하기 위해 고민할 수 있는 시간이 아직 많이 남아 있어서 그나마 다행이다.

대부분의 사람들이 갖는 관심사는 미래에 있을 불명확한 그러한 윤리 문제보다는 미약하지만 인공 지능의 출현이 불러올 철학적 주제다. 우리 대부분은 기계에 비유되는 것을 달가워하지 않는다. 빵 굽는 기계나 자동차 또는 오늘날의 컴퓨터 같은 어리석은 기계에 비유되면 심한 모욕감을 느끼게 될 테니 충분히 수긍할 만한 일이다. 인간의 정신이 현 세대의 컴퓨터와 동종의 것이라고 한다면, 인간이 달팽이와 친족지간이라고 하는 것만큼 모욕적으로 여겨질 수 있다. 하지만 두 주장 다 진실이고 유용한 발언이다. 달팽이의 신경 구조를 연구하다 보면 인간에 대해 이해할 수 있는 접점이 나타날 수 있듯이, 현대 컴퓨터에 적용된 단순한 사고 메커니즘을 연구함으로써 인간에 대해 좀 더 잘 알게 될지도 모른다. 우리는 동물의 한 종일 뿐이며, 어떤 의미에서 우리의 뇌는 일종의 기계다.

종교적인 성향이 강한 내 친구 몇 명은 내가 인간의 뇌를 일종의 기계로, 정신을 계산 과정으로 본다는 점에 적잖이 충격을 받는다. 한편 동료 과학자들은 사고라는 물질 현상은 결국 다 파악할 수 없다고 믿는 나를 신비주의자라며 못마땅해한다. 그러나 과학도 종교도 모든 것을 다 이해하게 할 수는 없다는 나의 믿음에는 변함이 없다. 나는 의식은 정상적인 물리 법칙이 발현된 결과이자 복잡한 계산의 표출이 아닐까 하고 생각한다. 그러나 이런 생각을 한다고 해서 내가 결코 의식의 신비와 경이를 얕잡아 보는 것은 아니며, 오히려 그 반대다. 뉴런의 신호와 사고의 감각 사이의 틈이 너무 커서 인간의 이성이 그 틈을 메우기에는 역부족이지 싶다. "뇌는 기계다."라고 내가 말할 때, 그것은 정신에 대한 모욕이 아니라 기계의 잠재적 능력을 인정한다는 뜻이다. 인간의 정신이 우리가 예상하는 정도에 비해 덜 위대하다고 믿는 것이 아니라, 기계가 우리의 예상보다 훨씬 더 위대할지 모른다고 믿을 뿐이다.

이 책을 쓰는 프로젝트는 컴퓨터의 근본을 이루는 아이디어들을 요약한 간략한 책이 필요하다고 여긴 존 브록만(John Brockman)이 처음 제안했다. 제안을 받은 당시에는 쉬운 일일 듯했는데, 알고 보니 그처럼 넓은 주제에 관해 짧은 책을 쓰는 것은 긴 분량의 책을 쓰는 것보다 훨씬 어려웠다.

이 책을 쓰는 나름의 고된 여행에 도움을 준 존과 베이직 북스(Basic Books) 출판사의 윌리엄 프루흐트(William Frucht)에게 고마움을 전한다. 나는 이 책을 MIT 미디어 실험실에 머무르는 동안에 썼는데, 도움을 준 모든 교수와 학생들에게 감사의 마음을 전한다. 특히 그 실험실의 설립자이자 실장인 니콜라스 네그로폰테

(Nicholas Negroponte)에게 각별한 고마움을 전한다. 첫 초고를 준비 중이던 무렵에 데비 위드너(Debbie Widener), 베틸루 맥클라나한 (Bettylou McClanahan), 페기 오클리(Peggie Oakley)에게도 특별한 도움을 받았다. 이 책에 있는 대부분의 내용은 나의 벗이자 은사인 마빈 민스키(Marvin Minsky) 교수, 제럴드 수스맨(Gerald Sussman), 클로드 섀넌(Claude Shanon), 세이머 페퍼트(Seymour Papert), 패트릭 윈스턴(Patrick Winston), 그리고 톰 나이트(Tom Knight) 등 내게 많은 영감을 준 MIT의 여러 교수들에게서 배운 것이다.

초고를 읽고 도움말을 해 준 제리 라이언스(Jerry Lions), 세이머 페퍼트, 조지 다이슨(George Dyson), 크리스 샤익스(Chris Sykes), 브라이언 에노(Brian Eno), 포 브론슨(Po Bronson), 아기 힐리스(Argye Hilis), 패티 힐리스(Pati Hilis)에게도 감사의 마음을 전한다. 어떤 구체적인 사항에 대해서, 나일 게르센펠트(Neil Gershenfeld), 사이먼 가핑클(Simon Garfinkel), 미첼 레즈닉(Mitchell Resnick), 마빈 민스키 등에게 참으로 도움이 되는 조언을 받았다. 이 책을 편집해서 제대로 나오게 해 준 세라 리핀콧(Sara Lippincott)의 도움을 받아서 여간 다행이 아니다. 마지막으로 복잡한 컴퓨터 설계에 관심을 갖도록 격려해 주신 부모님께 감사드리며, 또한 내 아들딸 노아(Noah), 아사(Asa), 인디아(India)에게도 고마움을 전한다. 그리고 이 프로젝트 내내 격려와 원조를 아끼지 않았던 아내 패티(Pati)에게도 특별히 감사의 마음을 전한다.

## 참고 문헌

Hillis, W. Daniel. *The Connection Machine*. The MIT Press Series in Artifical
   Intelligence(MIT, 1989).

Kunth, Donald Ervin. *The Art of Computer Programming*, 4 vols.(Addison-Wesley,
   1997).

Minsky, Marvin Lee. *Computation: Finite and Infinite Machines*(Prentice Hall, 1967).

Patterson, David A., and John L. Hennessy. *Computer Architecture: A Quantitative
   Approach*. 2n ed. (Morgan Kaufman Publishers, 1996)

Weiner, Norbert. *Human use of Human Beings: Cybernectics and Society*(Avon,
   1986).

Winston, Patrick Henry. *Artificial Inetelligene*. 3n ed. (Addison-Wesley, 1998)

## 찾아보기

옮긴이 **노태복**

환경과 생명 운동 관련 시민 단체에서 해외 교류 업무를 맡던 중 번역의 길로
들어섰다. 과학과 인문의 경계에서 즐겁게 노니는 책들, 그리고 생태적 감수성을
일깨우는 책들에 관심이 많다. 옮긴 책으로 『동물에 반대한다』, 『꿀벌 없는 세상,
결실 없는 가을』, 『생태학 개념어 사전』, 『신에 도전한 수학자』, 『진화의 무지개』,
『19번째 아내』 등이 있다.

**사이언스 마스터스 14**
**생각하는 기계** | 대니얼 힐리스가 들려주는 컴퓨터 과학의 세계

1판 1쇄 펴냄 2006년 11월 30일
1판 7쇄 펴냄 2024년 3월 31일

지은이 대니얼 힐리스
옮긴이 노태복
펴낸이 박상준
펴낸곳 (주)사이언스북스

출판등록 1997. 3. 24. (제16-1444호)
주소 (06027) 서울특별시 강남구 도산대로1길 62
대표전화 515-2000 팩시밀리 515-2007
편집부 517-4263 팩시밀리 514-2329
www.sciencebooks.co.kr

한국어판 ⓒ (주)사이언스북스, 2006. Printed in Seoul, Korea.

ISBN 979-89-8371-940-9 (세트)
ISBN 979-89-8371-954-6 03400

**사이언스 마스터스**

『**사이언스 마스터스**』를 읽지 않고 과학을 말하지 마라!

사이언스 마스터스 시리즈는 대우주를 다루는 천문학에서 인간이라는 소우주의 핵심으로
파고드는 뇌과학에 이르기까지 과학계에서 뜨거운 논쟁을 불러일으키는 주제들과 기초 과
학의 핵심 지식들을 알기 쉽게 소개하고 있다.
전 세계 26개국에 번역·출간된 사이언스 마스터스 시리즈에는 과학 대중화를 주도하고
있는 세계적 과학자 20여 명의 과학에 대한 열정과 가르침이 어우러져 있다. 과학적 지식
과 세계관에 목말라 있는 독자들은 이 시리즈를 통해 미래 사회에 대한 새로운 전망과 지
적 희열을 만끽할 수 있을 것이다.